国家自然科学基金项目(51904281、51274146)资助
煤炭安全精准开采国家地方联合工程研究中心开放基金项目(EC2022002)资助

煤氧化过程中氢气生成特性和释放机理

HYDROGEN GENERATION AND RELEASE MECHANISM IN COAL OXIDATION PROCESS

王涌宇　温千峰　连晓阳　贾　鹏
胡俊杰　丁彦铭　王　瑞　赵　璇　著
于鸿飞　李　俊

图书在版编目(CIP)数据

煤氧化过程中氢气生成特性和释放机理/王涌宇等著.—武汉:中国地质大学出版社,2024.11.— ISBN 978-7-5625-6028-9

Ⅰ.TD75

中国国家版本馆CIP数据核字第2024E56A12号

煤氧化过程中氢气生成特性和释放机理			王涌宇 等著
责任编辑:谢媛华 张 林	选题策划:谢媛华		责任校对:张咏梅

出版发行:中国地质大学出版社(武汉市洪山区鲁磨路388号) 邮政编码:430074
电   话:(027)67883511   传   真:(027)67883580 E-mail:cbb@cug.edu.cn
经   销:全国新华书店   http://cugp.cug.edu.cn

开本:787毫米×960毫米 1/16	字数:201千字	印张:10.25
版次:2024年11月第1版	印次:2024年11月第1次印刷	
印刷:武汉中远印务有限公司		
ISBN 978-7-5625-6028-9		定价:58.00元

如有印装质量问题请与印刷厂联系调换

前言

煤氧化引起的煤自燃火灾是煤炭开采中普遍存在的重大灾害之一,严重制约着煤炭工业的健康发展。煤与氧气发生煤氧复合反应的同时会释放出包括一氧化碳、二氧化碳和氢气在内的多种气体。氢气作为一种重要的气相产物,其生成特性与煤温变化密切相关。但由于氢气分子量小、易逸散,煤氧化过程中难以对氢气进行有效的检测与分析,从而限制了氢气释放规律的研究及其在煤温表征中的应用。因此,优化氢气的富集与定量分析方法,研究氢气的生成规律与释放机理,不仅可以完善煤氧复合反应机理,掌握氢气与煤温之间的耦合关系,而且有助于探讨氢气作为指标气体预测煤自燃状态的可行性,这对于加强煤自燃灾害的防治、保障矿井安全生产具有重要的意义。

本专著选取了5种不同变质程度的煤作为研究对象,根据氧化动力学、热力学及中间络合物等理论,系统地研究了不同煤种的氢气生成特性和释放机理,并在此基础上探讨了氢气与多种指标气体联合预测预报煤自燃的可行性。

本专著共分7章,重点内容包括利用自制的绝热间歇反应器富集和检测氢气生成量,对比分析煤种、温度等因素对氢气释放的影响,明确煤氧化过程中氢气释放规律;通过元素迁移实验,研究煤氧化过程中5种主要元素的变迁规律,阐明各种元素在不同氧化过程中所起的作用,计算分析元素迁移的氧化动力学及热力学特性;利用模型化合物实验和红外光谱测试,明确释放氢气的前驱体化合物,推导煤氧化过程中氢气释放途径,阐明氢气释放机理;计算分析微观基团脂肪族C—H组分反应速率和宏观氢气释放速率的相关性,并推导出脂肪族C—H组分转化与氢气释放之间的数量关系;建立多元线性回归模型分析煤温与多种指标气体的关联性,并基于一氧化碳、氢气和乙烯气体的生成速率与耗氧速率的数量关系,提出了M值法预测预报煤温法。

本专著的出版得到了国家自然科学基金项目(51904281、51274146)和煤炭安全精准开采国家地方联合工程研究中心开放基金项目(EC2022002)的资助,刘耀华、叶玲玉、吴兴鹏、张曼等研究生参与了稿件的文字整理工作，中国地质大学出版社给予了大力支持，在此一并表示感谢。

由于著者水平有限，书中难免存在不足之处，敬请读者批评指正。

著者

2024 年 6 月

目录

1 绪　论 …………………………………………………………… (1)
　1.1 研究背景及意义 ………………………………………… (1)
　1.2 国内外研究现状 ………………………………………… (3)
　1.3 研究内容 ………………………………………………… (16)
2 实验方法与实验系统构建 …………………………………… (19)
　2.1 实验煤样选取与制备 …………………………………… (19)
　2.2 煤对氢气吸附性能测试实验 …………………………… (20)
　2.3 煤氧化氢气释放特性实验 ……………………………… (21)
　2.4 煤氧化元素迁移实验 …………………………………… (22)
　2.5 模型化合物氧化实验 …………………………………… (22)
　2.6 原位红外氧化实验 ……………………………………… (24)
　2.7 煤自燃模拟实验 ………………………………………… (25)
3 煤氧化过程中氢气生成规律及动力学特性研究 …………… (26)
　3.1 氢气的吸附性 …………………………………………… (26)
　3.2 煤氧化过程氢气释放规律 ……………………………… (29)
　3.3 煤氧化过程氢气释放途径 ……………………………… (38)
　3.4 氢气释放的动力学特性研究 …………………………… (43)
　3.5 本章小结 ………………………………………………… (49)
4 煤氧化过程中元素迁移与生成氢气前驱体的实验研究 …… (51)
　4.1 氧化过程中元素迁移转化规律 ………………………… (51)
　4.2 元素转化动力学特性 …………………………………… (55)
　4.3 氢气释放的前驱体 ……………………………………… (62)

  4.4 氢气释放途径 …………………………………………………… (68)

  4.5 本章小结 ………………………………………………………… (72)

5 煤氧化过程活性官能团转化及氢气的释放机理 ………………… (74)

  5.1 原煤的主要官能团及分布 ……………………………………… (75)

  5.2 升温过程中煤中官能团的变迁 ………………………………… (84)

  5.3 恒温氧化过程中脂肪族 C—H 的变迁 ………………………… (91)

  5.4 本章小结 ………………………………………………………… (108)

6 氢气与其他多指标气体协同预测预报煤自燃研究 …………… (110)

  6.1 煤自燃模拟实验及煤样物理参数 …………………………… (110)

  6.2 煤自燃过程气相产物随煤温的变化规律 …………………… (112)

  6.3 煤氧化过程中耗氧速率和气体生成速率 …………………… (112)

  6.4 耗氧速率与多种气相产物释放速率的联合研究 …………… (125)

  6.5 多指标气体联合预测预报煤自燃 …………………………… (129)

  6.6 本章小结 ……………………………………………………… (132)

7 总结与展望 ……………………………………………………… (134)

  7.1 总结 …………………………………………………………… (134)

  7.2 主要创新点 …………………………………………………… (136)

  7.3 展望 …………………………………………………………… (137)

参考文献 ……………………………………………………………… (138)

1 绪 论

1.1 研究背景及意义

1.1.1 研究背景

我国是产煤大国,煤炭产量居世界前列,煤炭行业在我国经济发展的战略规划中占有重要地位[1]。2022年,我国煤炭供应量为32亿t标煤,全年煤炭消费总量达30.3亿t标煤,同比增长4.2%[2]。在"双碳"目标和环保政策的推动下,我国当下正处于由传统化石燃料向绿色清洁能源转型的过渡阶段,但在能源转型期间,积极落实煤炭保供政策,保障煤炭能源充分供给同样是我国能源政策的基本原则[3]。因此,作为我国第一大能源,煤炭依然大力支撑着国民经济的快速发展,在保障我国能源的安全及可持续发展方面,短时间内是不可替代的。

在煤炭开采、运输和使用过程中,日益严峻的煤矿安全问题也逐渐彰显出来,其中煤炭自燃是威胁煤矿安全生产最为突出的问题[4]。我国的重点煤矿中有一半以上属于自然发火严重的矿井,由煤自燃引起的火灾占矿井火灾总数的90%~94%。我国内蒙古、山西等地的煤田,煤炭自燃引发的煤矿火灾事故时有发生,每年所损耗的宝贵煤炭资源达数千亿吨,造成直接和间接经济损失高达数百亿元。煤炭火灾不仅危及工作人员生命,烧毁仪器设备及资源,而且严重威胁矿井安全与持续生产。除了矿井安全生产方面的问题外,煤炭燃烧也给土地资源维护、大气环境保护等方面带来了严峻挑战。在煤自燃过程中会释放许多有毒有害气体,其中含硫化合物(如SO_2、SO_3等)与氮氧化物(如NO、NO_2等)会加剧酸雨的形成,碳氧化物(CO、CO_2)和碳氢化物(如CH_4、C_2H_6)等气体会造成温室效应,加剧全球气候变暖[5]。同时,煤炭燃烧过程中会产生液态与固态的污染物,如焦油、硫/硫酸盐、重金属离子(铅、锌、汞等)等,这些污染物容易渗入地下,并且在土壤中逐渐迁移,进入地下水循环系统,从而直接破坏当地的生存与生态环境,危害所属地区人员的生命健康,所遭受的损失往往难以估量[6]。

《中国21世纪议程》将煤炭自燃列为我国的重大自然灾害类型之一,煤炭自燃灾害的防治与我国经济的健康发展、能源的科学利用息息相关。因此,在研究煤自燃过程中氧化自热特性的基础上,对煤炭自燃的机理进行深入系统的研究,研发出高效、可靠的预测预报技术和防灭火措施,从而提出更具体有效的抑制煤自燃的措施,是保障煤炭工业健康、稳定发展的基础,同时也对减少环境污染、维护地球生态和谐具有十分重要的意义。

1.1.2 研究意义

煤自燃过程属于复杂的物理化学变化过程,其包含着湍流流动、相变、传热、传质等复杂的反应,整体而言,煤自燃过程是一个传质与传热并存的统一而又相互矛盾的动力学过程[7]。煤炭的低温氧化是煤自燃过程中的初始阶段,也是一个至关重要的阶段,通过分析煤炭氧化过程中物理化学特征参数的变化,有助于了解煤炭自热过程,进一步研究煤自燃机理。煤低温氧化过程伴随着一系列的自身变化,其中气相产物的释放是煤氧化过程中最典型的宏观特性,研究煤气相产物的生成途径对于从宏观和微观上揭示煤氧化自燃机理具有重要意义[8]。

煤在升温过程中气相产物的释放主要存在3种途径:一是煤表面所吸附的气体解析释放;二是煤内部固有的化合物热分解释放;三是煤中活性官能团与氧分子发生不可逆的化学反应,生成多种气相产物。其中,第一种、第二种途径不需要氧气参与,反应机理较为简单,而第三种途径需要氧气参与,涉及复杂的化学反应,也是目前该领域研究的重点。根据现代煤氧化理论,煤氧复合反应符合双平行反应序列,即化学吸附反应序列和直接燃烧反应序列[9],当煤氧接触时,煤中的活性基团发生氧化反应,生成不稳定的过氧化物或过氢化物,在经过多步骤反应后,最终释放出CO、CO_2等气相产物。多年来,国内外煤矿安全研究工作者,针对煤低温氧化过程中的气相产物,主要包括CO、CO_2等气体进行了长期而深入的研究,获得了丰富的研究成果。然而,H_2同样作为煤氧化自燃过程中一种重要气相产物,目前对其的研究却处于初级阶段,特别是生成机理与应用方面进展不大。该研究的不足已成为进一步深入了解煤氧化机理的瓶颈,客观上制约了煤自燃防治新技术的发展。

此外,煤自燃火灾防治的关键在于自然发火早期预测预报[10],煤自燃指标气体的合理选择确定是分析判断自燃发展状态的科学依据。目前国内多采用

CO、C_2H_4 等气体作为指标气体,而 H_2 作为一种煤自燃过程中的气相产物,在煤自燃早期过程具有较强的敏感性,并且 H_2 的释放与 CO、CO_2 等其他气体的产生也存在一定的关联性,因此 H_2 与其他指标气体联合预测预报煤自燃的可行性也值得进一步研究。

综上所述,本专著依托国家自然科学基金项目和煤炭安全精准开采国家地方联合工程研究中心开放基金项目,基于煤氧反应动力学和热力学分析氢气生成特性,对煤氧化过程中氢气的释放规律及其影响因素进行系统研究;同时,通过研究微观活性官能团的变化特征和元素迁移规律,探究释放氢气的前驱体以及氢气释放途径,进一步完善煤氧化自燃机理,充分认识煤炭自燃过程。此外,研究煤升温过程中 H_2、CO 等气体的释放规律,分析 H_2 作为标志性气体与其他气体进行协同预测预报的可行性,这对丰富煤自燃预测预报体系具有十分重要的理论意义和实用价值。

1.2 国内外研究现状

1.2.1 煤的氧化特性及机理研究

从 17 世纪起,国内外许多学者针对煤氧化自燃机理进行了大量研究,并提出了多种煤氧化机理学说,其中包括细菌导因学说、黄铁矿导因学说、酚羟基作用学说以及煤氧复合学说等。20 世纪 90 年代后,随着显微技术的普及与应用,国内外学者更深入地分析了煤氧反应过程,提出了更加细微化的机理学说,如自由基反应学说、电化学作用学说、氢原子作用学说等[11-15]。这些理论为解释煤的氧化机理提供了很好的基础,也表明对煤氧化特性的研究逐渐从宏观转入到微观的分子层面,同时将反应动力学和热力学理论与煤氧化过程相结合,进一步扩展和延伸了煤的氧化机理研究。

1.2.1.1 基于宏观特性变化规律研究煤氧化机理

在煤的氧化过程中,煤体会以物理和化学形式吸附氧气,从而呈现出一系列宏观表现及微观特性。其中宏观表现主要体现在气相氧化产物释放、热量变化、质量变化以及氧气浓度的变化。许多研究者通过表征煤低温氧化参数值来直接分析煤氧化强度,揭示煤氧化过程。

煤体对氧气的吸附是氧化反应的关键。Howard[16]、Carpenter 和 Giddings[17]研究发现当环境中的氧气浓度达到一定量时,煤体的氧气消耗速率与氧气分压之间的关系可以用幂函数进行描述。Zhang 等[18]进一步通过实验发现幂函数的指数在 0~1 之间,而当氧气含量低于 2% 时,煤的耗氧速率会明显受到抑制,煤的自热过程难以发生。路长等[19]比较了烟煤和无烟煤在升温过程中吸附氧气量的变化趋势,发现在低温条件下,煤体已经可以吸附氧气,并形成不同的氧化产物增加煤的质量。梁运涛[20]建立了煤快速氧化升温阶段的数学模型,发现当氧化温度升至 150℃ 时,煤样的耗氧速率会显著增加,通过实验验证了氧气消耗速率可作为鉴定煤自燃倾向性的一个重要指标。

宏观气相产物的生成伴随着整个煤氧化过程。郭小云等[21]研究了煤氧化过程中气体的吸附与解析特性,发现低温氧化阶段煤体气相产物的产生初始温度和速率存在不同,其中 CO_2、CO 和 CH_4 三种气体的释放量较大,而 H_2 与 C_2H_4 气体的释放量较小。Carpenter 和 Giddings[22]分析了煤样在最初 5h 内的氧化过程,结果表明随着煤温上升,气相产物释放量也随之增加。戴广龙[23]研究了不同变质程度煤种在氧化过程中气相产物释放规律,发现气体的生成量与煤温呈指数函数变化,根据气相产物的变化规律把煤低温氧化过程分为吸氧蓄热、自热氧化和加速氧化 3 个阶段。煤氧化过程中,气相产物的释放量与煤温密切相关,因此常用气相产物的释放量来评估煤的氧化状态。许涛等[24]基于煤氧反应动力学理论研究了 CO 释放速率与煤温的关系,发现 CO 释放浓度与煤温存在多项式函数变化关系,并以此建立了煤低温氧化的函数模型。Yuan 和 Smith[25]研究了在不同温度下的煤体氧化生成 CO_2 和 CO 的规律,提出利用 CO/CO_2 值可以分析煤的氧化状态。Green 等[26,27]研究煤体恒温氧化过程中 CO_2 和 CO 气体生成的动力学参数及特性,并进一步分析了 CO_2 和 CO 释放途径。

煤氧化过程中,煤样质量会发生明显变化。Jakab 等[28]利用热重分析仪研究了煤的低温氧化过程,发现煤的氧化过程存在明显的阶段性,并指出低变质的煤种容易被氧化。Vassil[29]应用热重分析法(thermogravimetic analysis,TGA)将煤样逐渐加热至 300℃,发现在 100℃ 之前会有气相产物释放,但煤样质量仍表现出逐渐增加的趋势,这也证实了在煤氧反应阶段会有固态的中间络合物生成。张嬿妮[8]通过热重分析煤低温氧化过程中的热重(TG)曲线和微商热重(DTG)曲线,发现随着粒径的减小,煤样质量降低幅度加大,氧化特性增强。

煤与氧反应的放热特性是煤低温氧化宏观变化的一个重要特征。彭本信[30]采取差示扫描热法(different scanning calorimetry,DSC)技术对70多种不同变质程度的煤样的热力学参数进行分析发现,变质程度低的煤自燃倾向性越大,低变质煤种放出的热量远大于高变质程度煤种的氧化放热量。Tarba[31]研究了煤样的吸氧能力与氧化放热量之间的关系,结果表明煤体的物理吸附放热量差异不大,而化学反应放热量与煤种及温度关系较大。Pisupati 等[32]利用等温差热和热重分析软件研究煤氧化机理,他认为惰质组起燃温度和燃尽温度均高于镜质组,表明了原生矿物质对煤显微组分的氧化性能有一定的抑制作用。

1.2.1.2 基于微观特征变化机理研究煤氧化机理

煤氧化过程中微观变化主要表现在物理结构的变化(孔结构及比表面积的改变)和化学结构的变化(含氧官能团的改变、中间络合物的生成、微晶结构改变及自由基浓度变化)。目前,傅里叶变换红外光谱(Fourier transform infrared spectroscopy,FTIR)、X射线光电子能谱(X-ray photoelectron spectroscopy,XPS)、物理和化学滴定法、二次离子质谱测定法(secondary ion mass spectrometry,SIMS)以及核磁共振、电子旋转共振(electron spin resonance,ESR)和电子顺磁共振(electron paramagnetic resonance,EPR)等分析仪器和方法被用来研究煤低温氧化过程中煤中官能团、自由基等微观变化规律。

Landais 和 Rochdi[33]测试了氧化后煤样的红外光谱图,通过观察煤中脂肪族 C—H 组分吸收峰强度以及羰基、羧基等含氧官能团吸收峰强度的变化趋势,发现煤中的不同显微组分在煤氧反应中会表现出不同的氧化特性。大量的FTIR研究表明[34,35],在煤低温氧化过程中,煤中脂肪族活性组分含量表现出逐渐降低的趋势,含氧官能团含量呈现出增加的趋势,而芳香族组分的含量基本保持不变。Tahmasebi 等[36]在充足供氧与氧气不足的环境中,分别将煤样进行升温,并实时监测了红外光谱的变化规律,发现煤中活性基团在不同反应环境中所表现的变化趋势差异较大。Casal 等[37]利用红外光谱仪分析原煤的各种主要活性基团的含量,认为脂肪族 C—H 吸收峰强度与芳香族 C—H 吸收峰强度的比值可以反映煤样的氧化反应程度。王继仁和邓存宝[38]基于量子化学理论分析了煤样的红外光谱,对煤微观结构与煤中元素及组分之间的关系进行了研究,认为诱导煤自燃的物质主要为煤中有机大分子的侧链基团和低分子化合物。张国枢等[39]利用红外光谱实验研究了煤氧化过程中微观结构变化规律,发现芳烃和含氧官能团的含量总体上随着煤温的上升而逐渐增加,但脂肪烃含量的变化不明显。

Mahadevan 于 20 世纪 30 年代就开始利用 X 射线衍射仪（X‐ray diffractometer，XRD）对煤的结构特征进行分析[40]。随后 Warren 利用 XRD 研究煤的晶格特征，推导出计算煤内部结构单元的 Warren 方程，后经 Franklin 进一步完善为 Warren-Franklin 方程，并在此基础上提出了第一个煤结构的物理模型[41]。目前 XRD 技术已经广泛运用于分析煤内部的结构特征与物质转化特性。针对煤质对煤体燃烧和矿物元素转移的影响，Mishra 利用 XRD 对煤中存在的主要氧化物和矿物质进行了表征，研究发现 SiO_2、Al_2O_3 氧化物会促进灰分的融合行为，而 Fe_2O_3 和 MgO 会抑制灰分的融合行为[42]。戴广龙[43]分析了 4 种不同变质程度煤样在氧化过程中晶体的结构变化，发现煤的微晶结构特征与其氧化特性之间存在一定的内在联系。罗陨飞和李文华[44]研究了煤中镜质组和惰质组的大分子结构特征及随煤阶的变化规律，认为随着煤种变质程度增高，惰质组芳构化程度低于镜质组。张代钧和鲜学福[45]、田承盛和曾凡桂[46]也研究了镜煤、丝炭等煤岩组分的 XRD 结构特征，在分析煤内部大分子结构特征的基础上，提出了量化结构参数的方法。

李增华教授于 1996 年提出了煤自由基反应学说，他研究了煤低温氧化中自由基的变化规律，发现煤粒表面和煤体内部新生裂纹表面均会存在自由基，这为煤氧化提供了便利条件。自由基反应学说在化学层面上完善了煤氧复合反应机理，对 CO、CO_2、烷烃、烯烃等气体的生成做出了解释[47]。Taraba[48]用 SIMS 和 XPS 研究了煤表面所吸附氧自由基的分布特征，表明了煤氧反应存在自由基链反应。Kudynska 和 Buckmaster[49]用 ESR 技术研究了高挥发分烟煤的氧化动力学特性，结果表明氧气和水分均对煤氧化起重要作用。Barbara 等[50]利用 ESR 波谱对风化煤进行了分析，指出风化煤中存在大量稳定的自由基，风化促使煤中的自旋浓度明显下降。戴广龙[51]测定了不同煤种从常温到 200℃ 的 ESR 谱，发现煤氧化的难易程度取决于煤氧化后自由基浓度，并非原煤中自由基浓度。郭德勇和韩德馨[52]应用顺磁共振技术研究了构造煤中的自由基，分别分析了构造煤在氧化和风化过程中自由基的变化特征。

煤在氧化过程中，煤体内部的元素会发生明显的迁移转化。Liotta 等[53]研究发现，烟煤在温室条件下暴露空气中 56d 后，其内部的元素组成会发生明显变化。Cimadevilla 等[54]研究发现煤的低温氧化会引起煤炭结构特性的改变，其中主要原因是煤的氧化过程改变了煤的元素组成，挥发分及碳含量呈现出降低的趋势，而氧含量表现出增加的趋势。Marinov[55]研究了煤低温过程中煤样质量及元素组成的改变，发现煤的氧化反应会降低煤中 H 元素含量，同时会增加煤中 O 元素含量。Perry 和 Grint[56]基于 XPS 技术研究煤低温氧化过程,发现煤中各种含氧化合物都表现出增加的趋势,而煤中 C 元素含量却呈现出降低的趋势。Borah 和 Baruah[57]利用氧化反应达到脱除煤中有机硫的目的,他们发现随着氧化温度增加,煤中硫含量呈现出降低趋势,并进一步分析了低温氧化时硫迁移转化规律。

1.2.1.3 基于煤氧化学反应动力学理论研究煤氧化机理

化学反应动力学是研究化学反应过程的速率和反应机理的物理化学分支学科,目前主要用唯象动力学方法研究煤氧化学反应,即从化学动力学中浓度与时间的关系出发,经过分析从而获得具体的反应动力学参数,如反应速率常数、活化能和指前因子等,这些参数是探讨反应机理的有效数据[58]。尹晓丹等[59]根据煤氧反应过程中的耗氧量计算了煤低温氧化的表观活化能,认为煤氧刚接触时,煤表面主要发生物理吸附和化学吸附,随着温度升高化学过程逐渐占据主导,氧化反应的表观活化能值增加。Tevrucht 和 Griffiths[60]利用红外光谱实验测试了脂肪类 C—H 组分的吸收峰强度,并通过计算得到煤氧反应的表观活化能和速率常数。Bowes[61]研究了煤氧化反应过程中气体释放的活化能,提出煤的氧化特性与活化能之间存在一定的关系。Patil 和 Keleman[62]采用 X 射线光电子能谱(XPS)探究了煤表面 O/C 原子比的变化规律,并通过阿尼雷乌斯公式求出了在 295～398K 时煤氧化表观活化能为 47.93kJ/mol。

Martin 和 Bushby[63]用次级离子质谱(SIMS)研究了不同煤温下煤表面的氧浓度变化趋势,结果表明 70℃前后煤氧化活化能值差别很大,在煤温低于 70℃时煤氧反应具有以吸附扩散为主的低活化能特征。刘剑等[64]基于煤的活化能理论,推算出煤氧化过程的活化能计算公式,通过对比现行煤自燃倾向性鉴定方法,提出了利用活化能指标对煤的自燃倾向性进行分类。该方法不仅简单易行,而且从煤氧反应本质揭示煤自燃倾向。NORDON 等[65]发现不同煤种之间的反应热和活化能差别不大,但煤氧反应速率有很大差别,同时挥发分、燃烧温度对活化能都有很大影响。Kudynska 和 Buckmaster[66]通过热天平分析实验测算出 4 个氧化阶段反应的活化能,其中第一阶段(低温氧化阶段)活化能最低,第四阶段活化能最高。

1.2.1.4 基于煤氧化学反应热力学理论研究煤氧化机理

化学反应热力学是研究煤的热平衡状态和准平衡态以及状态发生变化时煤

样系统与外界相互作用(包括能量传递和转换)的物理、化学过程的学科。Mackinnon 等[67]、Hall 等[68]通过 DSC 分析了煤的玻璃化对煤低温氧化过程的影响,当煤温低于玻璃化转变温度时,作为玻璃态的煤体会抑制氧气在煤体内的扩散;当煤体温度高于玻璃化转变温度时,煤体处于橡胶态,此时煤的内部结构较为疏松,有利于氧气在煤体内部的扩散,从而促进煤体氧化。Garcia 等[69]发现随着煤种变质程度的增加,煤体的初始氧化温度点整体上呈现逐渐增加的趋势,并提出了初始氧化温度点的高低可作为评价煤氧化能力的一个重要参数。余明高等[70]运用 TG-DSC 同步热分析仪对比分析了煤的氧化和热解过程,发现热解过程的表观活化能远远高于氧化过程,同时热解过程活化能较低的煤种其自燃倾向性更高。Kök 和 Okandan[71]在研究褐煤的氧化过程中,分别利用 ASTM 法、Roger 法和 Morris 法,假设煤氧化过程中热焓变化率与反应速率成正比,通过单一升温速率下的 DSC 曲线对褐煤氧化的热力学参数包括焓变值、熵变值进行了计算,计算结果均较符合实际值。Zhang 等[72]基于动力学理论,对比了不同变质程度煤种 CO、CO_2 释放的表观活化能值,低阶煤的 CO_2 主要来自煤分子内部的含氧官能团的热分解,CO 主要来自煤氧复合反应;高阶煤的 CO_2 主要来自煤氧复合反应,CO 主要来自煤分子内部的含氧官能团的热分解。

1.2.2 煤氧化过程氢气释放的研究现状

H 作为煤中重要元素之一,其相对原子质量小,在煤中的质量分数较低,但 H 的原子百分数与 C 是同一个数量级[10],而且相比于 C 元素,H 元素具有更高的反应活性[73]。煤自热燃烧过程中,H_2 同 CO、CO_2 等其他气相产物一样,也会从煤中不断地释放出来,因此通过分析氢气的生成规律与释放途径,对于深入了解煤氧化机理具有重要的理论意义。

1.2.2.1 煤氧化过程氢气生成特性与规律

原始煤层在开采过程中,普遍有氢气释放。梁汉东[74]在高、低瓦斯矿井以及瓦斯突出点均检测到氢气,他分析了矿井的氢气含量与瓦斯浓度关系,同时认为煤层中存在赋存的氢气,并提出氢气可能是长久煤化过程中的产物。杨忠红和马婧[75]在地质探勘过程中发现煤层中有吸附状态的氢气,在煤层开采过程中氢气极易从煤中解吸出来,但煤体破碎后却检测不到氢气的存在,因此得出氢气很容易逸散,煤体对氢气的吸附性很小的结论。戴广龙等[76]对新集煤矿的煤样吸附性能进行研究发现,在开采煤层取一定量的新鲜煤样装袋,一段时间后从袋中抽取气样,进行气相色谱分析时发现煤样没有氢气,而将所取煤样立即装入瓦斯解吸罐中,经过5d后直接从罐中取气样再进行分析,明显发现了氢气的存在。Krzysztof 等[77]选取了波兰的烟煤作为研究对象,研究了不同温度、压力条件下烟煤对 CO、CO_2、H_2 等不同气体的吸附性能,发现烟煤对 CO_2、C_2H_2 的吸附量最大,对 CO、C_2H_6 的吸附量较小,而对 H_2 的吸附量最小,且随着煤温的升高,H_2 解吸很快。在常温常压下,CO_2 和 CO 的吸附量,特别是 CO_2 吸附量,远远高于 H_2 的吸附量。同时,Shao 等[78]在研究山东兖州东滩矿区煤的 H_2 解析量随温度变化趋势时发现,在煤温低于 200℃时,氢气的解析量随着煤温的增加而逐渐呈近线性增加,在煤温 100℃时,氢气释放量超过了 100×10^{-6}。

国内外诸多学者的研究均表明煤在升温阶段能够产生氢气。Hitchcock 等[79]采集 Bowen Basin 的煤样,研究发现煤氧化自热时会释放氢气,产生 H_2 的初始温度为 70℃。Grossman 等[80,81]利用热重分析系统发现煤温 55~95℃之间煤发生低温氧化,可以检测到氢气的生成,而当煤温低于 50℃之下不能检测到氢气的释放,也就是说煤释放氢气的最低温度为 50℃。他进一步研究了煤氧化过程氢气释放的特性,当煤温低于 100℃时,煤表面微孔未在空气中有效打开,但此时明显地检测到显著的分子氢,他认为氢气主要与煤的氧化反应有关。同时,在对烟煤进行程序升温时,发现在空气或者氧气条件下,煤释放出显著的氢气,而在氮气条件下煤几乎不释放氢气,为此 Grossman 得出结论,氧气浓度、煤温度和煤质量同时影响氢气产生。Pone 和 Hein[82]将煤放入恒温装置,温度设定在 60℃(主要进行化学吸附),发现随着氧化时间的增加,氢气生成量不断增加,并且在提高环境氧气含量的条件下,氢气释放量明显增加,因此他认为氧气浓度对氢气的释放产生重要影响。

笔者所在课题组对不同煤种释放氢气也进行了研究[83,84],随着煤温与氧化时间的增加,所有煤样的氢气释放量均逐渐增加,煤温对氢气释放的影响大于氧化时间,但是在不同氧化阶段,氢气释放量不同,因此认为随着煤变质程度的升高,氢气析出的初始温度越低,长焰煤和无烟煤产生 H_2 的温度相差了 60℃,分别为 110℃和 50℃。周强[85]通过对不同变质程度的煤层进行钻孔抽放发现,变质程度高的煤层含有的 H_2 浓度较高。李增华等[86]对不同粒径 80g 的上湾煤样进行程序升温实验发现,粒径小的煤样释放更多氢气,而粒径较大的煤样释放氢气量较小,也就是说,粒径越小煤释放的氢气量越多。Ashok 等[87]对煤样在 200℃以下的气相产物进行了测试,发现煤样粒径会对煤氧化过程的气体释放产生影响,但对不同气体种类的影响并不一致,其中粒径对 CO 生成量的影响较大,对 H_2 生成量的影响较小。而 Gerald 等[88]在对南非烟煤释放氢气的研究中,发现随着煤样粒径的降低,氢气释放量却没有明显变化,因此他认为粒径对氢气的释放量几乎没有影响。

1.2.2.2 煤氧化过程氢气释放机理研究

煤体升温阶段能够产生氢气,而煤如何氧化释放氢气,氢气又是通过什么途径进行释放的,针对这些问题国内外一些学者也进行了研究。Zhou 等[89]模拟了煤自燃及密闭过程,监测了煤自热到自燃过程中氢气的释放过程,将氢气的释放划分为 3 个不同阶段,即物理解析阶段、脂肪烃缩聚阶段和煤热解原子缩聚阶段。煤高温条件下会释放大量的氢气,Stanczyk 等[90]在 700℃时将煤体气化,在气化的过程中有大量的富氢气体出现。Li 等[91]对选定的低变质和高变质碳质煤进行开放系统的非等温热解实验,发现当煤温高达 1200℃时,可释放大量的氢气,在高温环境中,煤主要发生热解反应,煤分子内部相应的官能团化合物会发生缩聚反应,生成大分子聚合物,同时释放出例如氢气等小分子的产物。

针对煤氧化过程所释放氢气的现象,一些研究人员[37,83]提出了氢气释放的两种途径:一种是亚甲基(—CH_2)的脱氢反应,另一种是苯环之间的缩聚反应。Grossman 等[92]针对煤低温过程中氢气的生成进行了研究,通过实验发现,低温下煤分子内部难以发生缩聚反应和脱氢反应,而此阶段氢气的产生主要是由于煤氧发生反应,并非煤中氢气的吸附,也非苯环之间的缩聚产生。在此基础上,Grossman 等进一步通过同位素法,发现氢气的生成是来源于煤分子内部 C—H 键上的 H 原子,而非煤所含水中的 H 原子,氢气的生成与煤的含水量无关。Cohen 和 Green[93]在研究煤氧化过程中发现,氢气的生成与煤氧化产生的含氧化合物二次反应分解有关,低温氧化过程中煤与氧反应会生成含氧化合物,包括过氧化物和含氧官能团。这些含氧化合物二次分解会生成含氢自由基,少量的氢自由基会结合生成氢气。而 Sutrisna 等[94]发现煤加热数分钟,就有显著的氢气产生,氢气的释放涉及不同氢原子的结合,但氢气的生成过程中消耗的氧气量很小,如果反应环境中氧气浓度较高,氢原子很容易与氧反应生成氢化物自由基(如 HO_2)或者其他不稳定物质,最终会生成稳定的水,而不是氢气,因此 Sutrisna 等认为即使没有氧气的参与,煤体本身也可以释放氢气。贾宝山等[95]在研究受限空间内氢气爆炸后认为,活化氢与甲烷反应生成甲基和氢气,自然状态下,煤体通过解吸或者脱附等作用也会释放一定量的氢气。Marinov[96]在用红外光谱研究煤氧化微观结构变化时发现,在煤氧化过程中存在氧化还原反应,在这个过程中存在氢离子与电子之间的转移,因此推断两个氢自由基相互碰撞,可以生成氢气。Kouichi 等[97]通过实验发现除了煤中基团被氧化释放氢气外,CO 与水蒸气在高温下也会产生氢气。而 Kok[98]认为甲烷气体与水蒸气反应也会产生氢气,但是这种反应是在煤中某些物质催化下发生的,至于催化剂这种物质是煤中的某些矿物质和无机物。基于元素动力学理论,Iglesias 等[99]对煤中不同元素含量进行了测量计算,随着煤氧反应的进行,H/C 比逐渐降低,随后逐渐稳定,氢气的释放应该与碳氧化物的生成存在某种内在关系,同时他通过红外光谱研究了 C=O/H 的比值与煤中挥发分的关系,发现氧化时间 7h 为一个临界点。

通过前人的研究得知,氢气的释放具有多种途径,在煤高温燃烧时,氢气主要来自煤的热解-缩聚反应[100],但低温环境下,氢气的释放尚无统一结论,低温时煤中 H_2 的释放到底主要来自氧化反应,还是含氢化合物的热分解反应? 如果来源煤氧反应,具体是哪些活性官能团与氢气的生成有关,生成氢气的前驱体又是哪种官能团,氢气的释放途径是怎样的,以及氢气的释放与煤分子内部活性官能团的迁移是否存在一定联系,这些都需要进一步研究与探究。

1.2.3 煤指标气体研究现状

目前,国内外煤自燃预测预报的方法主要包括自燃倾向性预测法、综合评判预测法、统计经验法、数学模型预测法和指标气体法 5 种[101-105]。其中,指标气体法在我国矿井煤自燃早期预测预报中应用最广,它是通过分析气相产物的浓度、比值、发生速率等特征参数,对煤自然发火发展趋势等作出预报,识别煤自燃的发生及其发展程度,及时采取相应的防治措施,将自然发火遏制在萌芽状态,避免灾害的进一步扩大。

1.2.3.1 常用的指标气体

煤的氧化自燃过程属于气体与固体之间的氧化反应,煤与氧气或者空气接触,氧分子被煤的活性位点所吸附,发生煤氧复合反应,随着氧化反应的进行,煤体温度逐渐升高,并伴随着 CO、CO_2、CH_4、H_2 等气相产物的释放[106]。煤温的变化会造成这些气相产物的生成量发生显著变化,分析煤样在不同温度时气体析出的浓度、比值、生成速率等特征参数,从中找出煤温和气体的对应关系,优选出易于检测和有代表性、规律性的气体,并通过检测这些气体的变化情况可以来推断煤自然发火状态,这些气体被称为"指标气体"。煤氧化自热过程释放出来的气体按照释放途径的不同可以分为两个部分[107]:一部分是吸附在煤体孔隙内的气体,随着煤体温度的上升而逐渐解吸出来,这类气体叫作煤吸附气体;另一部分是煤体升温过程内部官能团氧化或者分解所释放的气体产物,叫作煤氧化/分解气体。

煤吸附气体的主要成分是 CH_4 和 CO_2,有的煤种还会吸附少量的烷烃气体,这些气体会随着煤温的上升而逐渐解吸出来。煤氧化/分解气体为煤中炭发生氧化和热分解反应所产生的气相产物,其成分主要有 CO、CO_2、CH_4、C_2H_6、C_2H_4、C_2H_2 和 H_2 等。可以发现,CO_2 和 CH_4 气体既属于煤吸附气体,又属于煤氧化/分解气体,这表明了 CO_2 和 CH_4 的具体来源并不能完全确定,同时,CO_2 和 CH_4 气体在矿井中本身就存在,在常温下就可以检测到,所以 CO_2、CH_4 均不能作为单一预报指标。此外,从气体释放量的角度分析,煤中主要释放的气体为 CO、CO_2,其次为 CH_4、C_2H_4、H_2 等,气体释放量的大小也是优选预测指标过程中需要考虑的因素。因此利用何种指标气体对煤体自然发火状态进行及时、准确的早期预测预报,一直是国内外专家学者深入研究的课题。根据目前的研究成果,现阶段煤自燃指标气体主要分为 3 类:碳氧化合物、饱和烃和不饱和烃等[108]。

第一类煤自燃指标气体主要是碳氧化合物,常用的是 CO 气体和格拉哈姆系数($CO/\Delta O_2$、CO/CO_2)。煤在低温状态下就会释放 CO,随着煤温的升高,CO 生成量呈现指数形式的增长趋势,因此 CO 气体是检测煤炭自然发火状态的重要指标气体;但 CO 浓度受矿井地质条件、采空区漏风等因素影响很大,单纯地依赖检测 CO 浓度容易对自然发火预报造成误差,所以 CO 应与其他气体结合起来,共同进行预测预报[109,110]。而 $CO/\Delta O_2$ 指标受到矿井风量稀释浓度的影响较小,可以排除井下通风的干扰,属于比 CO 更为精确的自然发火指标。同时,CO 和 CO_2 的生成量与煤温存在直接关系,在一个特定的燃烧状态中,煤氧化和燃烧所释放的 CO/CO_2 值可以达到某种平衡关系,也就是说,CO/CO_2 值可以作为一个评估煤体自燃程度的指标[111,112]。第二类煤自燃指标气体主要是饱和烃与链烷比,饱和烃组分包括乙烷、丙烷、丁烷和链烷比(C_2H_6/CH_4、C_3H_8/CH_4、C_4H_{10}/CH_4、C_3H_8/C_2H_6 等)。对于低瓦斯含量的煤层,温度升高时,饱和链烷按照碳原子数的多少依次被检出,可以利用乙烷、丙烷、丁烷气体的相继出现作指标,但值得注意的是,这个指标不适用于低温时也放出多种烷烃气体的煤种。一般来说,各种烷烃气体的产生浓度与煤温之间存在一定的关系,可以通过链烷比对煤自燃的发展阶段进行判断。第三类煤自燃指标气体主要是不饱和烃,即

$C_2 \sim C_4$ 烯烃和乙炔以及一系列其他气体的比值(C_2H_4/C_2H_6、C_3H_6/C_2H_4、C_2H_4/C_2H_2 等)。常温的矿井中并不能检测到 C_2H_4 气体,C_2H_4 气体的出现往往预示着是煤氧反应进入了加速氧化阶段。而 C_2H_2 气体出现时间最晚,只有在较高温度段才出现,与 CO、C_2H_4 之间有一个明显的温度差和时间差,是煤自燃已进入激烈氧化阶段的标志性气体。此外,烯烷比(C_2H_4/C_2H_6)也常用来预测预报煤自然发火状态,这是由于烯烷比可较好地排除风量及环境因素造成的影响[113,114]。

目前,绝大部分国内外煤矿采用主要预测预报指标加辅助预测预报指标的综合判定方法来预测煤自然发火的状态和温度,具体的煤自然发火预报指标见表 1-1。我国采用 CO、C_2H_4 以及耗氧量 ΔO_2 作为主要指标气体,西欧国家以 CO 气体作为主要预测预报指标,美国在利用 CO 的同时,也将 H_2 作为煤自燃预测预报的气体,澳大利亚同样将 H_2 作为辅助指标分析煤氧化自燃状况[115]。

表 1-1 煤自然发火气体预报指标

国家	预测预报指标	
	主要预测预报指标	辅助预测预报指标
中国	CO、ΔO_2、C_2H_4	$CO/\Delta O_2$、C_2H_6/CH_4
波兰	CO	$CO/\Delta O_2$
俄罗斯	CO	C_2H_6/CH_4
美国	CO、H_2	$CO/\Delta O_2$
澳大利亚	CO、C_2H_4	$CO/\Delta O_2$、H_2
印度	CO、$CO/\Delta O_2$	$CO/\Delta O_2$、C/H
日本	CO、C_2H_4	$CO/\Delta O_2$、C_2H_6/CH_4
德国	CO	$CO/\Delta O_2$
法国	CO	$CO/\Delta O_2$

1.2.3.2 煤自然发火气体预报指标的选择与应用

对于煤自然发火气体预报指标的选择及其产生的规律,国内外专家和学者通过不同的实验方法进行了研究分析。Chamberlin 等[116]早在 20 世纪 70 年代就在实验室对煤样自热过程进行了研究,他利用红外射线(infrared ray,IR)技术将各种气体的测量灵敏度提高1×10^{-6},发现CO出现温度较低,随温度上升增加明显,而且其单调变化趋势均优于其他气体,认为CO气体比较适合作为煤自燃标志性气体。Beamish和Ahmet[117]将煤温升高到$40\sim70℃$之间,发现不稳定的氧化合物陆续分解得到气态产物和稳定的氧络合物,而当温度超过70℃时,稳定的氧络合物降解速度和气相产物产生速率加快,产生的气体主要包括CO_2、CO、CH_4、H_2、C_2H_6、C_2H_4和其他高级烃,气相产物的释放与煤温存在着明显的对应关系。罗海珠和钱国胤[118]通过大量的实验研究来确定不同煤种自然发火指标气体,发现不同煤种对应的预测预报自然发火的指标气体不尽相同,提出了用CO、烃类气体、烷烯比等标志性气体来预测预报煤炭自然发火。谢振华等[119]通过对大屯煤矿煤样进行实验分析,得到适合大屯煤矿自然发火的标志气体,从CO温升率数值判断煤炭自然发火的程度。王彩萍等[120]通过对不同煤种进行程序升温实验,得出煤变质程度越高,氧化能力越低,特征温度越高,并确定了在相同温度段不同煤种CO和C_2H_4产生量的关系。邓存宝等[121]、王继仁等[122]应用傅里叶变换红外光谱仪实验研究了煤在氧化过程中不同温度下生成的气体产物,探讨了CH_4、C_2H_4等气体的生成机制,得出选择适当的标志气体是应用气体分析法进行煤炭自燃早期预报的前提的结论。

煤自燃的直接原因是煤氧发生复合反应,氧气的消耗是影响煤自燃的重要因素。Willet[123]研究煤氧反应时发现,当氧气含量低于3%时,煤氧化受到明显抑制;当氧气含量高于5%时,受到抑制的煤氧化可以逐渐发生自热反应,检测氧气含量可以对局部火区的燃烧状态进行分析。Singh等[124]研究煤的低温氧化过程时发现,当反应器内氧气浓度降低时,氧气消耗速率降低,并且氧气消耗速率与氧气分压成非线性关系,煤在不同氧浓度条件下及不同的氧化阶段,其氧化过程中的耗氧量、生成的气体产物种类及其含量均不同。Kuchta等[125]分析烟煤氧化过程中,发现CO的产生量与O_2浓度的比值在整个检测范围内随煤体温度的升高基本上呈现逐渐增高的趋势,规律性比较明显,得出CO/O_2是一个很好的预测煤自燃的指标结论。朱令起[126]现场勘查东欢坨煤矿自热状况时发现,当温度低于90℃时,CO/O_2值小于1,此时煤处于缓慢氧化阶段;当温度低于140℃时,CO/O_2值小于5,此时煤开始进入加速氧化阶段;当温度高于140℃后,该比值持续增大,煤开始进入剧烈氧化阶段,直至产生明火。Smith和Glasser[127,128]研究暴露在空气的煤堆在自热过程中发现,除了CO/O_2值会出现明显增加外,CO_2/O_2值同样随着温度的增加而逐渐增加,利用CO/O_2和CO_2/O_2共同监测煤温效果更好。

煤自热自燃过程受到包括煤种、粒径、通风量等多种因素的共同影响,燃烧状况往往较为复杂。单一的指标气体通常由于受环境因素的影响而具有一定的偶然性,并不能精确地预测预报煤层的自然发火情况。例如,CO 在煤炭氧化升温过程中逸出量较大,温度界线较长,易受风流影响而波动较大,故仅用 CO 这一单一的指标气体来判断煤的自然发火阶段有一定的局限性。目前,煤矿更多采用多种指标气体联合预测预报体系来进行煤自燃的监测。卢守善和宋玉方[129]以氧浓度损失和煤温之间的关系作为参考,利用烷烯比作为指标判定煤温,发现当这一比值小于 1,煤温大于 200 ℃时,应当立即采取自燃防治措施。这也表明目前指标气体的运用渐渐不局限于依赖单一标准,一般采用复合指标的综合衡量。Hu 等[130]在联合分析煤温与各种指标性气体的关联时发现,CO 和 CO_2 随着氧气的消耗变化十分明显,因此提出了 $3R$ 指标,即联合 CO/O_2(R_1)、CO_2/O_2(R_2)和 CO/CO_2(R_3)浓度比参数,共同对煤温进行预测预报。何启林[131]模拟不同煤种的自燃过程发现,高硫煤、无烟煤的煤炭自燃气体指标为 CO;瘦煤、贫煤及焦煤的主要气体指标为 CO,辅助气体指标为 C_2H_4 或烯烷比;肥煤、气煤、长焰煤和褐煤的主要气体指标为烯烷比和烯烃,辅助气体指标为 CO。Willet[132,133]从自燃封闭火区收集了气体样品,分析气体的成分与浓度,发现除了 CO、CO_2 等其他可燃气体外,火区内部的氮气也随着煤温的变化而变化,煤的氧化自热是一个缓慢过程,自热的大小与程度可以通过 Willet's 比率进行分析。

1.2.3.3 氢气作为煤自然发火气体预报指标的应用

氢气在较低煤温下就会产生,CO、CO_2 等碳氧化物容易被煤体、煤焦所吸附,影响其测量精度。而相较于碳氧化物,煤对 H_2 的吸附系数要小很多,自燃火区内的氢气浓度受到干扰较小,敏感度较高,能清楚直观地反映出火区情况。因此,在美国、澳大利亚、印度等国家,许多矿井将 H_2 作为煤自燃的主要指标气体。

早在 20 世纪 60 年代,印度中央矿业研究所的 Ghosh 等[134,135]针对印度矿井煤自燃灾害频发事故,在分析各种气相指标预测煤温时发现煤自燃过程主要释放含碳气体和含氢气体,因此提出 C/H 指标。C/H 表示煤氧化产物中碳与有效氢的比值,其数学表达式为

$$C/H = \frac{6(CO_2+CO+CH_4)+碳氢化合物}{2(N_2/3.78-O_2-CO_2+CH_4)-CO-碳氢化合物+H_2} \quad (1-1)$$

在实践过程中,C/H指标相比于格雷哈姆系数应用范围更广、灵敏度更高,同时,该指标与耗氧量连用时能够对火源的范围和强度进行判定。此外,C/H指标能够有效地区分煤火与木材火,判定气体成分的变化诱发原因是否来源于煤自燃,具有很强的实用性,因此在煤矿中被广泛应用。Wang 等[136]研究了不同煤种,特别是低阶煤的氧化自热特性,发现在煤温低于200℃时,煤中含碳量与含氢量的比值随着温度的增加而逐渐增加,C/H与煤温有良好的对应关系。Haldane[137]、Haldane 和 Meacham[138]测量煤矿采空区内自燃火区气体浓度发现,煤是非均质的,各个煤样在自燃过程中CO、C_2H_4和H_2开始出现的温度不尽相同,但一般情况下,当明显检测到CO和C_2H_4浓度时,都会同样监测到氢气的生成,而氢气的产生量一般随煤温增高而逐渐增大。Andrey[139]在利用指标气体预测预报煤温的基础上,发现煤自燃产生的气体浓度之间存在一定的比例,因此提出了特里克特比率,即

$$T_r = \frac{CO_2\% + 0.75 CO\% - 0.25 H_2\%}{0.265(N_2 + A_r\%) - O_2\%} \qquad (1-2)$$

Andrey 利用该比率对气体结果进行分析筛选发现,不同物质燃烧产生的气体产物所对应的比值不一样,当比值在 0.4~0.5 时,燃烧的主要成分是瓦斯;而当比值在 0.5~1.0 之间时,燃烧的主要成分为煤、油或运输机胶带。

H 是构成煤分子骨架的主要元素,煤氧化自燃过程中产生氢气,这是一个普遍现象,而目前我国多采用碳氧化物预测预报煤温,氢气作为指标气体的研究在我国相对较少。氢气的生成与煤温有着密切而直接的关系,不同的煤种氢气开始产生时的温度不同,煤自热氧化生成的氢气与煤温具有良好的对应关系,同时,氢气具有较好的敏感性和抗干扰性,因此关于氢气作为预测预报煤自燃状态指标气体的可行性需要进一步的研究与探讨。

1.3 研究内容

针对煤氧化过程中氢气的生成特性与应用研究的不足,笔者采用宏观特性测试与微观研究相结合的方法,通过宏观测试手段系统分析煤氧化过程中氢气的生成规律、影响因素及氧化参数,基于动力学与热力理论对氢气生成特性进行研究;然后通过研究元素迁移,模型化合物的氧化反应以及煤内部官能团变化规律,从微观层次揭示氢气释放机理,推断氢气释放途径,并在此基础上探讨宏观氢气释放与微观官能团转化的内在关联性。同时,在充分了解氢气生成特性的

基础上,分析煤温上升过程中氢气与其他指标气体的关联性,探讨氢气作为标志性气体进行协同预测预报的可行性,进一步丰富煤自燃预测预报体系,具体研究内容如下。

(1)利用气体吸附参数测试实验,分析常温常压(1.01MPa,25℃)下,煤体对H_2、CO和CO_2气体的吸附性。

(2)基于煤恒温氧化实验,通过气相色谱定量测定煤氧化过程中氢气生成量,对比分析煤不同变质程度、温度、粒径、氧化时间及煤样质量对氢气释放的影响,计算不同煤种释放氢气的氧化动力学参数,分析煤氧化过程中氢气释放规律。

(3)通过元素迁移实验,研究煤氧化过程中煤中5种主要元素(C、H、O、N、S)的变迁规律,分析各种元素在不同氧化过程中所起的作用,并探讨元素迁移的氧化动力学及热力学特性,从元素角度分析氧化产物释放的难易度。

(4)通过模型化合物的氧化实验,分析不同官能团的氧化产物,明确生成氢气的前驱体,并收集氧化后的液态氧化产物;进行傅里叶变换红外光谱测试,研究氧化过程中模型化合物的有机结构变化,定性分析氧化产物成分,在此基础上推断模型化合物释放氢气的机理。

(5)利用红外光谱分析系统对比研究不同煤种氧化过程中微观官能团变化规律,特别是煤中主要含H官能团氧化合物的演化规律,探讨煤氧化过程中氢气释放途径;分析煤中脂肪烃C—H的转化与氢气释放的关系,将官能团变化特征与宏观氢气释放特性相结合。

(6)根据煤氧复合理论模拟煤自燃过程,研究煤升温过程中耗氧速率与包括H_2、CO、CO_2等多种气体生成速率的内在关系,建立多元线性回归模型分析煤温与多种指标气体的关联性,探讨氢气作为标志性气体进行协同预测预报的可行性。

本书拟采用的技术路线如图1-1所示。

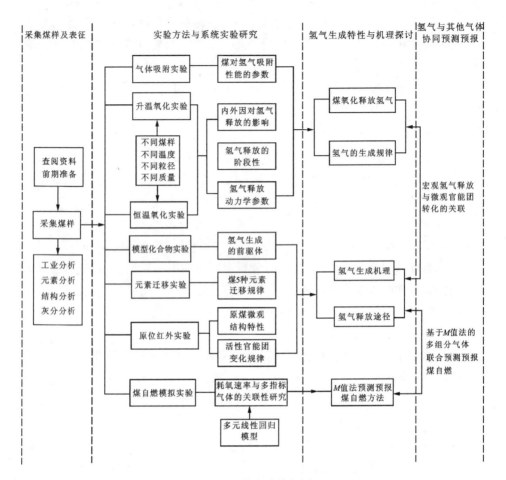

图1-1 技术路线框图

2 实验方法与实验系统构建

2.1 实验煤样选取与制备

本研究选取了 5 种不同变质程度的煤样,分别是张北褐煤(ZB 煤)、神东长焰煤(SD 煤)、义马气煤(YM 煤)、西山焦煤(XS 煤)以及晋城无烟煤(JC 煤)。实验所用煤样均采自最新的综采工作面,用多层塑料袋密封,然后装送至实验室。对采集的新鲜煤样在氮气气氛下进行粉碎,筛选出 0.18~1.00mm、1.00~2.00mm、2.00~3.35mm、3.35~4.00mm 和 4.00~4.75mm 五个粒径的样品,并密封保存于冰箱内,每种粒径的煤样筛分质量约为 1.0kg。这 5 种煤样的工业分析和元素分析见表 2-1。

表 2-1 实验煤样的工业分析和元素分析　　　　单位:%

煤样	工业分析			元素分析				
	M_{ad}	A_d	V_{daf}	C	H	O^*	S	N
ZB 煤	28.31	10.77	44.41	65.76	3.45	23.81	1.51	5.47
SD 煤	9.43	7.15	28.24	76.29	4.07	17.34	0.91	1.39
YM 煤	3.11	7.94	36.77	79.57	4.34	13.39	1.57	1.13
XS 煤	1.48	6.8	36.79	81.72	5.01	10.33	1.92	1.20
JC 煤	0.57	14.87	13.37	91.88	3.79	1.87	0.74	1.72

注:ad 表示空气干燥基;d 表示干燥基;daf 表示干燥无灰基;* 表示差减值。

由表 2-1 可见,从 ZB 煤到 JC 煤,煤中的水分(M_{ad})随变质程度的增加呈逐渐降低的趋势;ZB 煤挥发分(V_{daf})明显最高,JC 煤最低,而 YM 和 XS 煤高于 SD 煤;此外,JC 煤灰分(A_d)高于 ZB 煤,XS 煤最小。根据元素分析结果,随着变质程度的增加,煤的碳含量明显增加(JC 煤碳含量最高),而氧含量却逐渐降低,氢含量也几乎是逐渐增加的,但 JC 煤的含氢量高于 ZB 煤。此外,5 种煤的含硫量均不算高,XS 煤最高,为 1.92%。

2.2 煤对氢气吸附性能测试实验

煤作为多孔介质,对气体具有一定的吸附性[140,141]。为此,本实验将对比研究在常温常压(1.01MPa,25℃)下,煤体对 H_2、CO 和 CO_2 的吸附性。实验选取 5 种变质程度不同的煤样,煤样粒径均为 0.5～0.7mm。在实验前,首先在 95℃ 条件下对煤样进行脱水和脱气处理,并用氦气冲洗 30min。实验时,称量一定量的处理煤样,放置到吸附反应罐内,实验装置原理如图 2-1 所示。首先打开阀门 A,关闭阀门 B,分别将 H_2、CO、CO_2 气体通入量筒内饱和的 $NaHCO_3$ 溶液中,记下水位刻度 L_1,然后关闭阀门 A,打开阀门 B,煤体对气体开始吸附,量筒内水位上升,记下某时刻水位刻度 L_2,同时记下反应罐内煤体上方游离态的气体体积 L_3,则煤样对气体的吸附体积为 $L=L_1-L_2-L_3$。恒温水浴箱保证煤样罐反应温度在 25℃,分别在实验开始后 1min、10min、30min、60min、120min、180min、240min、360min 对吸附的气体体积进行测定计算。

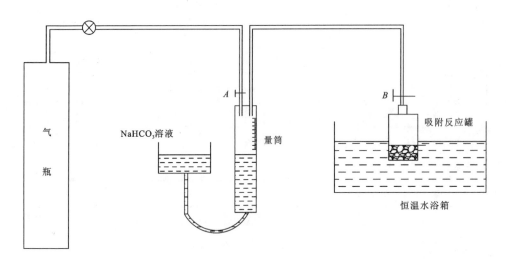

图 2-1 气体吸附参数测试装置原理

2.3 煤氧化氢气释放特性实验

利用自制的绝热间歇反应器来研究煤氧化过程中氢气释放规律。反应器分为容积25mL、50mL和100mL三种类型,以容积50mL的反应器为例,其结构如图2-2所示。反应器上部外径为50mm,底部直径为55mm,高为128mm,从外部到内部共由3个部分组成。外部的部件包括外壳、外壳盖和密封阀,它们都是由耐高温的不锈钢制成;中间部分由瓶盖、氟化硅垫片以及用于放实验煤样的聚四氟乙烯瓶体组成;内部为实验煤样。反应器的顶部有取气孔,便于抽取分析气样。所有反应器具有良好的气密性能。

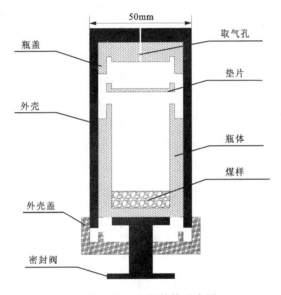

图2-2 绝热间歇反应器结构示意图(50mL)

恒温氧化实验在鼓风恒温干燥箱内进行,温度分别设定为60℃、80℃、100℃、125℃、150℃、175℃和200℃。实验前,首先将恒温干燥箱设定为实验温度,待恒温干燥箱内温度达到预定温度后(误差为±0.5℃),然后恒温30min,保证温度恒定、均匀。实验时,首先准确称量0.5g的煤样12份,依次放入12个容积为100mL的煤样反应罐内,然后将煤样反应罐放入罐体反应釜中,拧紧反应釜后,将煤样反应器放入恒温箱装置内。然后每隔30min取出一个煤样反应罐,用密封性较好的注射器抽出1mL罐内气体注入GC-950型气相色谱分析仪中,主要检测氢气气体浓度,色谱误差为±2%。在实验过程中额外增加一个反应器,插入一根热电偶,测定反应器内煤体温度,结果表明反应器内煤体在实验开始30min后就能升到实验温度,实验温度越高,需要的时间越短,煤样温度变化范围为±1℃。在本实验中,同时考察了5种不同煤种不同煤样质量(0.5g、1.0g、2.5g和5.0g)对煤氧化过程中氢气释放的影响。

2.4 煤氧化元素迁移实验

煤氧化过程中,煤分子内部主要元素也会随着煤温的改变而呈现不同的变化规律,煤中各种元素在煤氧化过程中所起的作用是不同的,微观元素的迁移与煤氧化气相产物的生成相关联[142]。首先选择8个相同的玻璃培养皿(内径10cm,厚度0.5cm),准确称量3.00g实验煤样,均匀平铺在每个培养皿中,将8个装有煤样的培养皿平稳放置在控温箱内,进行程序升温实验。温度从室温加热到200℃,升温速率为1℃/min,在加热过程中,在煤温25℃、50℃、75℃、100℃、125℃、150℃、175℃和200℃时各取出一个培养皿,将煤样放到密封罐内,防止其进一步氧化,冷却至室温。程序升温实验重复4次以降低实验误差,随后利用德国Elementar vario EL型元素分析仪对不同温度下氧化煤样的5种基本元素进行表征分析,研究每种元素在氧化过程的迁移转化规律,依然重复4次。

2.5 模型化合物氧化实验

氢气的生成涉及煤中氢自由基的转化与反应,从图2-3煤红外光谱吸收峰中可以看到(以SD煤为例),煤中含H官能团主要振动区间为3000~3600cm^{-1}的羟基(—OH)、2800~3000cm^{-1}的脂肪族C—H以及1500~1800cm^{-1}中含有羰基的醛基(—CHO)和羧基(—COOH),而芳香族的C—H键主要与苯环相结合,化学性质稳定,低温下较难发生氧化反应。基于此,选择11种分析纯级别含H官能团的化合物溶液作为研究对象,包括甲醛、乙醛、苯甲醛、戊二醛、乙酸、苯乙酸、乙醇、甲基苯基甲醇、叔丁醇、二苯基甲烷和二氯甲烷溶液,如表2-2所示。

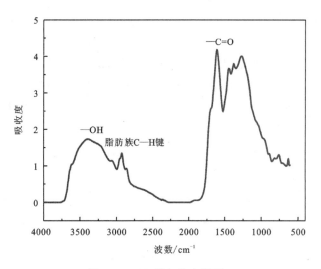

图 2-3 SD 煤红外光谱图

表 2-2 主要含 H 官能团的化合物

名称		分子式	含 H 活性官能团
—CHO	甲醛	$HCHO$	—CHO
	乙醛	CH_3CHO	—CHO
	苯甲醛	C_7H_6O	—CHO
	戊二醛	$C_5H_8O_2$	—CHO
—COOH	乙酸	CH_3COOH	—COOH
	苯乙酸	$C_8H_8O_2$	—COOH
—OH	乙醇	CH_3CH_2OH	—OH
	甲基苯基甲醇	$C_8H_{10}O$	—OH
	叔丁醇	$C_4H_{10}O$	—OH
—CH—	二苯基甲烷	$C_{13}H_{12}$	—CH_2—
	二氯甲烷	CH_2Cl_2	—CH_2—

模型化合物氧化实验分为两个部分。第一部分是测定模型化合物氧化过程的气相产物。煤氧化释放气相产物是一种固—气耦合的反应过程,为了模拟这种反应模式,选用粒度为 0.180mm 的固体 6201 担体来吸收各种含 H 化合物溶

液,6201 担体属于硅藻土类型的浅红色担体,是一种用来吸附固定液的惰性颗粒。实验时用 3.5g 担体均匀吸收 2mL 各种化合物溶液,然后将处理后的担体放入 50mL 反应罐内,分别在 60℃和 100℃下进行恒温氧化,3h 后用密封性较好的注射器抽出 1mL 罐内气体注入 GC-950 型气相色谱分析仪中,主要检测氢气气体浓度,色谱误差为±2%。随后,用 5 种煤样分别代替担体,重复上述实验,对比研究煤与模型化合物溶液混合后的氧化特性。

第二部分是测定模型化合物氧化前后官能团的变化趋势。首先对各种化合物溶液进行原溶液红外光谱测定,了解其官能团分布状况。红外光谱测定通过德国 Bruker VERTEX 70 型红外光谱仪,该红外光谱仪配备有美国 Pike EZ-Zone 型原位反应池及温控仪,可以实现实时在线检测。然后将 10mL 化合物溶液装入反应罐,放到恒温反应箱内,在 100℃下进行恒温氧化 3h,取出溶液密封,待溶液降到室温后,同样进行红外光谱测定,对比研究氧化前后化合物官能团的变化趋势。

2.6 原位红外氧化实验

傅里叶变换红外光谱(FTIR)被广泛用于煤氧化过程中煤样官能团变化规律的研究,氢气前驱体在煤分子内部的生成、消耗、转化对氢气的释放有着直接的影响。基于此,原位红外氧化实验用以研究各煤种的氧化升温过程中主要官能团的变化规律。原始煤样以及氧化煤样的官能团通过德国 Bruker VERTEX 70 型红外光谱仪测定,实验采用原位漫反射傅里叶变换红外光谱(in-situ FTIR),可以实现实时在线检测氧化过程中煤样官能团的变化。原位红外实验分为程序升温实验和恒温实验两种。

(1)程序升温实验。①在实验前,打开 FTIR 分析软件,对测试参数进行设置,光谱扫描范围为 $500\sim4000cm^{-1}$,分辨率为 $2cm^{-1}$,扫描次数为 64 次/s,原位光谱吸收强度单位为 Kubelka-Munk;②将 KBr 装入样品池内,调节背景光强度为最大,然后测定红外光谱的背景谱图;③倒出 KBr 样品,将制备好的煤样放入样品池内,向原位反应池内通入 30mL/min 的空气,然后调节吸收光强度为最大,测定原煤的红外光谱;④对温控模块进行程序设置,升温速率为 1℃/min,加热终温为 230℃,然后开始程序升温实验;⑤在固定时间间隔内(10min),对氧化煤样进行红外光谱测定。为了确保实验的准确性,每组实验重复两次。

(2)恒温实验。恒温实验的前3个步骤与程序升温实验操作步骤相同,然后将温控模块调整为恒温模式,设定温度分别为 60℃、80℃、100℃、125℃、150℃、175℃和200℃。以 60℃为例,将煤样在 1min 之内迅速升温到 60℃,保持恒定,每隔30min进行红外光谱测定,一直到420min。

2.7 煤自燃模拟实验

煤自燃模拟实验采用本实验室自行研制的煤自燃特性综合测试装置(图2-4),利用此系统模拟煤氧化自燃过程,实验装置具有良好的蓄散热条件,用气体压缩机供入风量,模拟实际漏风条件,人工对煤体进行加热,促使煤体升温,跟踪测定煤体温度变化、氧浓度变化和其他气体成分含量的变化。此装置具有测试煤样量大、燃烧温度高的特点,可以较为真实、准确地模拟煤氧化自燃现象。

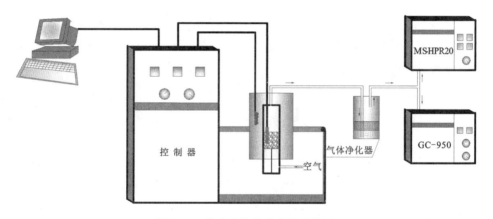

图 2-4 煤自燃特性综合测试装置

本实验选取 SD 煤和 XS 煤作为研究对象,称量粒径 4.75～6.75mm、2.45～4.75mm、0.8～2.45mm 三种煤样各 500g。将煤样放入氧化反应罐内,打开控温软件,时刻监测热电偶与煤体的温度,设定煤体升温实验的温度范围为 30～200℃,升温速率为 1℃/min。空气流量设为 100cm³/min,气体从氧化反应罐下部流入,上部流出,经过气体净化室后,导入到 GC-950 色谱仪内,对氧化气相产物的成分与浓度进行分析。从煤温 30℃开始测试,之后当煤温每上升10℃,重复进行测试一次。

3 煤氧化过程中氢气生成规律及动力学特性研究

当煤样与空气接触时开始低温氧化,煤的氧化是一个不可逆的放热过程,并且反应速率会随着温度的增加而增大,煤体在升温的过程中伴随着一系列气相产物的释放[143,144]。氢气作为煤自燃过程中的一种气相产物,其生成受到煤温、煤种变质程度、粒径等多个因素的影响。同时,煤氧反应中氢气的生成途径及生成机理,是反映与研究煤氧化机理的重要途径,除了煤体受热解析氢气外,氢气的释放还可能涉及两种主要途径。一种是煤中的某些含氢官能团与氧分子发生氧化反应生成氢气;另外一种是原煤赋存的含氢官能团受热分解,释放出氢气。基于此,本书将使用自制的水热反应釜反应器,研究煤氧化过程中氢气的释放规律,分析氢气的生成途径。

3.1 氢气的吸附性

煤作为一种多孔介质,煤体表面有许多微孔或小孔,对气体具有一定的吸附性能。煤体对氢气的吸附特性主要受到温度、煤种变质程度及煤体孔隙结构等参数的影响[115]。为了准确分析煤氧化过程中氢气的释放规律,首先需要对这5种不同变质程度的煤的氢气吸附性进行研究。此外,为了对比煤对不同气体的吸附性能,同时分别研究煤体对CO和CO_2气体的吸附性。吸附实验的方法和步骤在2.2节中已进行了说明。

煤对气体的吸附属于固-气吸附模式,吸附特征符合Langmuir(朗缪尔)吸附规律。依据分子运动的气体动理论,气体吸附的同时也会发生气体解吸反应,两个过程是可逆的,从图3-1中可以看到,常温常压下,在初始吸附阶段,随着吸附时间的增加,不同煤种对气体的吸附量也随之不断增加,在240min后,吸附-解吸过程达到动态的平衡状态,气体吸附量保持稳定。对比不同煤种的吸附特性发现,XS煤对气体吸附能力相对较强,而ZB煤的吸附能力较弱。常温下煤体对气体的吸附属于物理吸附,分子间的作用力为范德华力,XS煤相比于ZB煤,

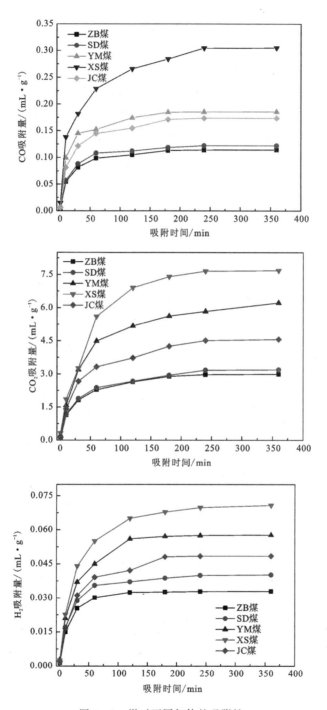

图 3-1 煤对不同气体的吸附性

变质程度较高,煤结构单元之间的桥键减少,煤结构紧密,使得煤的分子机构单元尺寸增加,煤分子与气体分子之间的范德华力也随之增强,吸附能力较大[145]。

图 3-1 显示,煤样对 CO_2 的吸附量最大,CO 次之,H_2 最小。表 3-1 为吸附时间在 360min 时,5 种不同煤样对 CO_2、CO 及 H_2 的吸附量。常温常压下煤样对氢气吸附量的数量级为 10^{-2},吸附性最高的 XS 煤的 H_2 吸附量只有 0.071mL/g;而煤样对 CO 和 CO_2,特别是对 CO_2 的吸附量远远大于 H_2,吸附量最低的 ZB 煤 CO_2 吸附量已经达到了 2.99mL/g。5 种煤样的 CO 吸附量与氢气吸附量比值在 3.05~4.30 范围,而 CO_2 吸附量与氢气吸附量比值在 79.75~108.17 之间,煤样 CO 的吸附量是 H_2 吸附量的 3 倍以上,而 CO_2 的吸附量是 H_2 吸附量的 100 倍左右,因此煤体表面对氢气的吸附量很小,氢气很难通过煤体的吸附而富集在煤表面的微孔中,即煤升温过程中,解析释放的氢气不会是煤体释放氢气的主要来源。

表 3-1 常温常压下不同煤样对 CO_2、CO 及 H_2 的吸附量

煤样	气体吸附量/(mL·g^{-1})			CO 吸附量/氢气吸附量	CO_2 吸附量/氢气吸附量
	H_2	CO	CO_2		
ZB 煤	0.033	0.114	2.99	3.45	90.61
SD 煤	0.040	0.122	3.19	3.05	79.75
YM 煤	0.058	0.185	6.22	3.19	107.24
XS 煤	0.071	0.305	7.68	4.30	108.17
JC 煤	0.048	0.173	4.56	3.60	95.00

许多学者[146,147]在研究煤氧化过程中 CO 和 CO_2 的释放规律时,基于煤样对 CO_2 较高的吸附性,CO_2 的生成量需要进行校正,而由于 CO 的吸附量较小不需要校正。对比 CO 气体,煤体对 H_2 并无明显的吸附,同时,H_2 分子量低,在实验煤样处理过程中易于逸散,因此煤升温过程中 H_2 的测量值也不需要校正。此外,在许多矿井煤自燃预测预报过程中发现,遗煤吸附 CO 气体,容易造成 CO 测量值有偏差,使得煤自燃预报信息的失真,而 H_2 的吸附量远小于 CO,对 H_2 进行检测能够更真实地反映气体信息。从这个角度分析,将 H_2 作为一种指标气体的反馈信息,优于 CO 气体。

3.2 煤氧化过程氢气释放规律

鉴于氢气易逸散的特点,本书采用密闭煤样罐测定氢气在一定时间内的累计生成量,具体实验方法参见2.3节。图3-2列举了2.5gYM煤与SD长焰煤在50mL煤样罐内80℃恒温氧化时氢气的释放情况。结果表明,YM煤在氧化

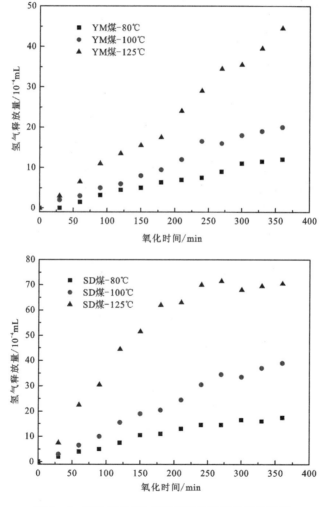

图3-2 YM煤与SD煤恒温氧化时氢气释放趋势

6h 后,80℃时氢气释放量是 12×10^{-4} mL,125℃时氢气释放量是 46×10^{-4} mL,约是 80℃时的 3 倍,煤温对于氢气的生成起着决定性作用。对比 SD 煤与 YM 煤的氢气生成量,在 100℃恒温氧化 6h 后,SD 煤氢气生成量是 39×10^{-4} mL,YM 煤氢气生成量是 20×10^{-4} mL,SD 煤的氢气生成量是 YM 煤的氢气生成量的近 2 倍,煤种变质程度也直接影响着氢气的生成。此外,SD 煤在 125℃氧化 210min 后,氢气生成量保持稳定,不再增加,这主要是由于密闭的煤样罐内氧气浓度不断消耗,在缺氧的环境中,氢气的释放也受到了抑制。因此,煤低温过程中,氢气的释放受到煤温、煤质量、煤变质程度、煤粒径、反应器容积等多方面因素的影响,本节就这些影响因素进行详细分析。

3.2.1 煤温的影响

表 3-2 为 5 种不同变质程度的 0.5g 煤样在 50mL 反应罐内不同煤温下氧化 6h 后的氢气释放量。从表 3-2 中可以看出,煤氧化过程中氢气的释放与煤温呈现正相关关系,随着煤温的增加,氢气的释放量也迅速增加。煤温为 80℃时,YM 煤的氢气生成量为 3×10^{-4} mL,XS 煤的氢气生成量为 6×10^{-4} mL;而煤温为 200℃时,YM 煤的氢气生成量为 38×10^{-4} mL,XS 煤的氢气生成量为 104×10^{-4} mL,分别是 80℃煤温氢气释放量的 12 倍和 17 倍多。可见煤温是影响氢气释放的重要因素。

表 3-2 不同煤样氧化 6h 后所释放的氢气量

煤温/℃	氢气释放量/10^{-4} mL				
	ZB 煤	SD 煤	YM 煤	XS 煤	JC 煤
80	3	4	3	6	3
100	6	12	6	17	4
125	19	43	11	39	6
150	21	67	19	59	18
175	22	72	28	84	28
200	23	74	38	104	48

同时，对比 ZB 煤和 SD 煤可以发现，煤温在 80～150℃之间，氢气的释放随着煤温依然是单调增加，而当煤温为 175℃和 200℃时，ZB 煤的氢气释放量为 22×10^{-4} mL 和 23×10^{-4} mL，SD 煤的氢气释放量为 72×10^{-4} mL 和 74×10^{-4} mL，氢气变化量不大，趋于稳定。一般认为，煤温直接影响煤氧复合反应进程，煤温越高，煤氧化反应越剧烈，煤氧反应进程越快，而这一前提条件是具备充足的反应物，在密闭空间高温反应 6h 后，ZB 煤和 SD 煤的氧气量几乎耗尽，这直接抑制了煤氧反应进程，使得氢气的释放量不再进一步增加，这也表明了氢气的释放量可能与耗氧有着密切的关系。

3.2.2 煤质量的影响

如图 3-3 所示，煤温在 150℃条件下，不同质量的 ZB 煤、SD 煤和 XS 煤在 50mL 反应罐分别氧化 1h 和 6h 的氢气释放变化规律并不一样。在氧化时间为 1h 时，3 种煤的氢气释放量随着质量的增加均呈现增加的趋势，从这个角度看，煤样质量对煤氧化过程中氢气的释放量起了促进作用。这是由于煤氧低温反应时，主要依靠煤表面的活性位点对氧气进行吸附，同时，孔隙结构为煤氧化反应的催化剂和碳载体，可以加快煤氧反应速率，增加反应煤样质量意味着增加了煤表面的活性反应位点，也同比例加大了表面的孔隙结构参数，从而加快了煤氧反应进程，增加了氢气释放量[148]。在氧化时间为 6h 时，3 种煤样，特别是 ZB 煤和 SD 煤，氢气释放量并没有随着煤样质量的增加而增加，而是几乎保持稳定，长时间的氧化使得密闭反应罐内的氧气量几乎耗尽。虽然煤样质量的增加同时也增加了煤表面的活性反应位点和孔隙结构参数，但是氧气的耗尽直接抑制了煤体氧化反应，也造成氢气的释放量不再增加。同时可以看出，在无氧的条件下，尽管煤样质量相差较大，从 0.5g 到 5g，煤样质量增加到了 10 倍，但不同质量煤样氢气的释放量几乎一样，说明无氧条件下，煤样质量并不影响氢气的释放。

为进一步研究氢气的释放与质量的内在关系，特对 150℃煤温下氧化 6h 后不同质量的 3 种煤样氢气释放量进行分析，如表 3-3 所示。ZB 煤和 SD 煤几乎耗尽了反应罐内的氧气，不同质量煤样氢气生成量却变化不大。$H_2/\Delta O_2$ 值表示消耗单位氧气量煤样所释放的氢气量，对比 3 种煤样的 $H_2/\Delta O_2$ 值发现，$H_2/\Delta O_2$ 值几乎保持恒定，与煤样质量无关，例如 0.5g、1g、2.5g 和 5g 的 ZB 煤 $H_2/\Delta O_2$ 值分别为 2.31×10^{-4}、2.02×10^{-4}、2.59×10^{-4} 和 2.67×10^{-4}，这表明煤样消耗单位氧气，氢气的释放量几乎是不变的。同时，$H_2/\Delta M$ 表示单位质量煤样所释放的氢气量,对比 3 种煤样的 $H_2/\Delta M_2$ 发现,$H_2/\Delta M$ 值随着煤样质量的增加反而呈现减少的趋势,0.5g、1g、2.5g 和 5g 的 SD 煤 $H_2/\Delta M$ 值分别为 150×10^{-4}、74×10^{-4}、28.8×10^{-4} 和 15.6×10^{-4},这表明在氧气耗尽的前提下,氢气的释放并不随着煤样质量的增加而增加。也就是说,氢气可能并非主要来源于煤分子内部含氢官能团的热分解反应,煤样的质量主要通过影响煤氧反应进程,继而影响氢气的释放,并非直接决定氢气的生成。

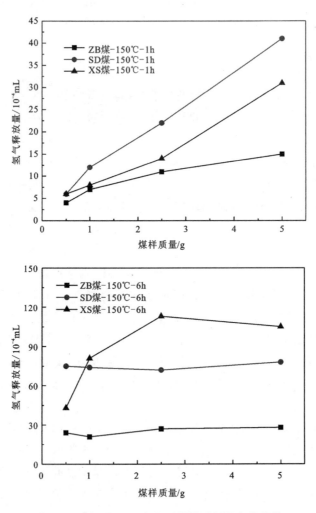

图 3-3　煤样释放的氢气随煤样质量的变化趋势

表 3-3　不同煤样在 150℃ 氢气释放与质量和耗氧的关系

煤样	质量/g	$H_2/10^{-4}$ mL	ΔO_2/mL	$(H_2/\Delta O_2)/10^{-4}$	$H_2/\Delta M/10^{-4}$
ZB 煤	0.5	24	10.41	2.31	48
	1	21	10.39	2.02	21
	2.5	27	10.39	2.59	10.8
	5	28	10.38	2.67	5.6
SD 煤	0.5	75	10.26	7.31	150
	1	74	10.28	7.19	74
	2.5	72	10.44	6.89	28.8
	5	78	10.44	7.47	15.6
XS 煤	0.5	43	4.12	10.44	86
	1	81	8.06	10.05	81
	2.5	113	10.42	10.84	45.2
	5	105	10.44	10.06	21

3.2.3　煤变质程度的影响

表 3-4 和表 3-5 是煤温分别在 125℃ 和 175℃ 条件下，5 种不同变质程度煤样在 50mL 反应罐内氧化 6h 后的氢气释放情况。随着变质程度的增加，煤样的耗氧量也明显减少，125℃ 煤温时，1gZB 煤的耗氧量为 10.38mL，YM 煤的耗氧量为 4.17mL，而 JC 煤的耗氧量为 3.12mL。低变质煤相较高变质煤，其煤表面的活性位点分布较多，对氧气吸附量大，增大了煤氧化学吸附以及化学反应发生的可能，具有较强的氧化性。在煤温为 175℃ 时，氧气均几乎耗尽（变质程度最高的 JC 煤除外），2.5g 和 1g 的煤样在氧化 6h 后，氢气释放量相差不大，保持稳定，这与 3.2.2 节研究结果一致。分析煤样的 $H_2/\Delta O_2$ 值可以发现，煤样质量、温度不一致造成氢气释放量的差别，但同一种煤样的 $H_2/\Delta O_2$ 值却变化不大，ZB 煤的 $H_2/\Delta O_2$ 值在 2.02~2.97 之间，SD 煤的 $H_2/\Delta O_2$ 值在 6.67~7.58 之间，YM 煤的 $H_2/\Delta O_2$ 值在 4.07~5.04 之间，XS 煤的 $H_2/\Delta O_2$ 值在 9.27~11.75 之间，XS 煤的 $H_2/\Delta O_2$ 值在 5.44~6.75 之间。这一方面表明氢气的释放与氧气的消耗有着直接的关系，另一方面也说明了煤种变质程度对氢气的释放有着明显的影响。

表 3-4　不同煤样在 125℃ 氧化 6h 后的氢气释放情况

煤样	质量/g	$H_2/10^{-4}$ mL	ΔO_2/mL	$(H_2/\Delta O_2)/10^{-4}$
ZB 煤	1	21	10.38	2.02
	2.5	22	10.41	2.11
SD 煤	1	69	10.35	6.67
	2.5	71	10.36	6.85
YM 煤	1	17	4.17	4.07
	2.5	45	10.41	4.32
XS 煤	1	32	3.45	9.27
	2.5	72	7.34	9.81
JC 煤	1	17	3.12	5.44
	2.5	28	4.89	5.72

表 3-5　不同煤样在 175℃ 氧化 6h 后的氢气释放情况

煤样	质量/g	$H_2/10^{-4}$ mL	ΔO_2/mL	$(H_2/\Delta O_2)/10^{-4}$
ZB 煤	1	26	10.36	2.87
	2.5	31	10.43	2.97
SD 煤	1	79	10.41	7.58
	2.5	77	10.38	7.41
YM 煤	1	48	10.35	4.63
	2.5	52	10.31	5.04
XS 煤	1	111	10.38	10.69
	2.5	122	10.41	11.75
JC 煤	1	57	9.03	6.31
	2.5	33	4.89	6.75

图 3-4 是不同煤种 $H_2/\Delta O_2$ 值的平均值,可以明显看出,煤种不同,氢气的释放量差别也很大,氢气的释放量符合:ZB 煤＜YM 煤＜JC 煤＜SD 煤＜XS 煤,其中 XS 煤和 SD 煤较高,JC 煤和 YM 煤次之,而变质程度最低的 ZB 煤氢气释放量最"小"。图 3-4 表明氢气的释放与煤变质程度并不呈现严格的单调关

系。煤变质程度不同,根本在于构成煤分子结构的各种主要元素含量存在差别,直接影响着煤分子微观内部各种官能团含量,从而导致不同变质程度的煤样与氧发生复合反应时氢气生成量的差别。

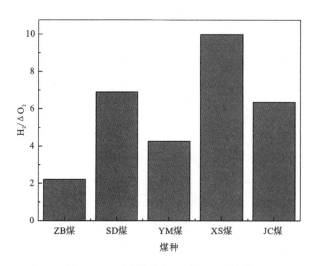

图 3-4　不同煤种的 $H_2/\Delta O_2$ 平均值

3.2.4　煤粒径的影响

煤温为 100℃ 和 150℃ 时,不同粒径的 1g 煤样在 100mL 反应罐内氧化 6h 后所释放的氢气量如表 3-6 和表 3-7 所示。从表 3-6 可以看出,煤样粒径从 0.850~2.360mm 减小到 0.125~0.250mm,氢气释放量逐渐增加,煤样粒径影响着煤表面结构参数,降低粒径,煤的比表面积增加,一方面提高了煤与氧气接触频率,另一方面增加了煤的反应活性位点,促使煤氧反应加剧,氢气释放量增加。当煤样粒径进一步减小到小于 0.125mm 时,氢气释放量反而会下降。这主要是因为煤样粒径过小会减小煤样之间的孔隙率,抑制氧气在煤体内部的扩散,降低煤体的氧气浓度。此时煤氧之间的反应机理从扩散反应机制改变为动力学控制反应机制,煤氧反应进程减缓,氢气释放量降低[149]。从表 3-7 中可以看到,对于 YM 煤而言,当粒径从 0.850~2.360mm 到 0.125~0.250mm 时,煤样的氢气释放量均在 $75×10^{-4}$ mL 左右变化,随着粒径的不断减小,YM 煤的氢气生成量却几乎保持不变,粒径的变化对 YM 煤的氢气释放并没有明显影响。这主要是由于 YM 煤在 150℃ 煤温条件下氧化 6h 后,几乎耗尽了煤样罐内的氧气,当消耗等量的氧气量时,YM 煤所释放的氢气量几乎是一样的,此时粒径的增加或减少不会对 YM 煤的氢气释放量产生明显的影响。因此,煤样的粒径主要是通过影响煤氧反应进程改变氢气的释放量,并非直接决定煤体的氢气生成。

表 3-6 100℃时煤样释放氢气量随粒径的变化趋势

煤样粒径/mm	100℃时氢气的释放量/10^{-4}mL		
	YM 煤	XS 煤	JC 煤
0.850~2.360	9	34	7
0.425~0.850	13	41	9
0.250~0.425	22	48	11
0.125~0.250	40	66	14
<0.125	24	59	12

表 3-7 150℃时煤样释放氢气量随粒径的变化趋势

煤样粒径/mm	150℃时氢气的释放量/10^{-4}mL		
	YM 煤	XS 煤	JC 煤
0.850~2.360	75	99	61
0.425~0.850	77	155	68
0.250~0.425	75	172	73
0.125~0.250	76	189	81
<0.125	74	176	78

对比表 3-6 和表 3-7 可以看出,在煤温为 100℃时,氢气释放量整体较小,粒径对氢气释放的影响较小,例如粒径从 0.850~2.360mm 到 0.125~0.250mm 时,XS 煤的氢气释放量从 34×10^{-4}mL 增加到 66×10^{-4}mL,增加了 32×10^{-4}mL;而当煤温为 150℃时,XS 煤的氢气释放量从 99×10^{-4}mL 增加到 189×10^{-4}mL,增加了 90×10^{-4}mL,这说明煤温增加,粒径对氢气的生成量影响较大,高温下的粒径变化使得氢气生成量变化更加明显。

3.2.5 反应器容积的影响

本实验采用容积为 25mL、50mL、100mL 3 种反应罐进行对比氧化实验,反应器容积的不同,主要体现在罐内空气含量以及煤氧反应的蓄热环境的不同。如表 3-8 所示,当反应温度为 125℃时,1gYM 煤在 3 种不同容积反应器中进行氧化反应,所释放的氢气量存在一定的差别。总体上分析,100mL 反应罐内氢气的释放量最大,50mL 反应罐内氢气的释放量次之,25mL 反应罐内氢气的释放量最小。这一方面是因为 100mL 反应罐内的空气量大,煤与氧气接触面更大,煤氧反应速率更快;另一方面,相比于小容积的反应罐,100mL 反应罐氧气量高,消耗得慢,在反应过程中罐内的氧分压会逐渐高于小容积的反应罐,这也会加快煤氧反应进程。值得注意的是,反应 60min 时,25mL 反应罐的氢气释放量为 7×10^{-4} mL,50mL 反应罐的氢气释放量为 6×10^{-4} mL,而 100mL 反应罐的氢气释放量为 7×10^{-4} mL,较之大容积反应罐,25mL 反应罐的氢气释放量并没有明显减小。这主要是因为在恒温氧化初始阶段小容积反应罐更容易蓄热,煤样升温较快,同时,初始阶段的氧气浓度充足,促使小容积反应罐内氢气生成量在短时间内并不低于甚至稍高于大容积反应罐。但从整体煤氧化反应分析,反应罐容积较大,内部氧气量也较多,密闭环境中煤氧反应过程持续时间长。根据研究结果,煤温在 125℃时,2.5gYM 煤在氧化反应 180min 时就几乎可以耗尽 25mL 反应罐内的氧气量,而在 100mL 反应罐内,氧化反应时间可以持续到 360min。即在较大容积反应罐内,煤与氧气之间可以进行充分的复合氧化反应,氢气的释放过程也能完整持续地进行,有助于研究分析煤氧化过程中氢气的释放规律与途径。

表 3-8　125℃时反应器容积对 YM 煤氢气释放量的影响

反应器容积/mL	氢气释放量/10^{-4} mL			
	60min	120min	240min	360min
25	7	14	22	27
50	6	16	25	31
100	7	19	28	36

3.3 煤氧化过程氢气释放途径

煤体在升温的过程中伴随着一系列气相产物的释放,氢气作为煤氧化过程中的一种气相产物,其生成受到煤温、煤种变质程度、粒径、煤样质量及反应器容积等多个因素的影响。煤氧化升温过程中氢气的生成可能涉及多种途径,各个生成途径之间所表现出的释放机理均有明显差别。

3.3.1 氢气释放途径的探讨

研究表明,煤体对氢气的吸附性极低,几乎不会影响氢气的释放,氢气的释放一方面可能是由于煤体的热解,即煤样受热,煤大分子骨架结构中原本赋存的含氢官能团发生热解反应,由于煤温升高而发生断键,释放出氢气;另一方面,可能是源于煤氧复合反应,煤活性位点化学吸附氧气,生成一系列的中间产物和官能团,某些特性的官能团C—H键容易受到氧原子攻击产生氢自由基,氢自由基相互结合释放氢气[150,151]。此外,一些学者也认为,煤或者CO可能与煤中的水会发生氧化还原反应,水分子被还原而生成氢气,但这些反应基本需要800℃以上的高温条件,而本实验中煤样反应环境主要为低温(30~200℃)环境,上述反应不会进行或发生。因此,基于以上分析,低温环境下氢气的释放主要有以下两种途径。

途径1:煤分子赋存官能团 $\xrightarrow{热解}$ 氢气

途径2:煤分子内部官能团 $\xrightarrow{氧化}$ 氢气

3.3.1.1 热分解过程的氢气释放

热分解反应在惰气(N_2)条件下进行,首先将5g煤样放入50mL反应罐内,利用氮气充分置换反应罐(50mL)内的空气,然后分别在100℃、125℃和150℃条件下恒温氧化6h,考察不同温度下氢气释放状况。由于反应环境为氮气环境,氢气可以认为是煤热分解过程中释放的。

氮气环境中煤体释放的氢气量如表3-9所示。从表3-9中可以看到,5种煤样在氮气环境中几乎不会释放氢气,特别如ZB煤,并没有检测到氢气存在。同时,随着温度的升高,氢气的释放量甚至还有下降的趋势,例如YM煤在100℃时氢气释放量为2×10^{-4}mL,而150℃时却没有检测到氢气的释放。根据之前的实验数据,相较于空气环境中氢气释放量,在氮气环境中释放的氢气量小了很多。例如150℃条件下,在空气环境中,5g 的 SD 煤在氧化 6h 后反应罐内的氢气量为 78×10^{-4} mL,而氮气环境中,氢气释放量为仅 3×10^{-4} mL,只相当于空气环境中的 3.8%。同时,5g 的 XS 煤在空气环境中氧化 6h 后反应罐内的氢气量为 104×10^{-4} mL,而氮气环境中,氢气释放量为 5×10^{-4} mL,只相当于空气环境中的 4.8%。因此,在氮气环境下,煤所释放的氢气是极其微量的,远远低于空气中的氢气释放量,对空气环境中的氢气释放量不会产生明显的影响。也就是说,煤升温过程中,氢气并非主要来自途径 1 中煤大分子赋存含氢官能团的热分解反应。

表 3-9 氮气环境中氢气的释放情况

煤样	质量/g	氢气释放量/10^{-4} mL		
		100℃	125℃	150℃
ZB 煤	5	0	0	0
SD 煤	5	2	1	3
YM 煤	5	2	0	0
XS 煤	5	2	2	5
JC 煤	5	1	2	1

3.3.1.2 氧化过程中的氢气释放

表 3-10 是 5 种不同变质程度煤样在 150℃氧化 6h 后所释放的氢气量的变化规律。从表 3-10 可以看出,在氧化 6h 后,煤样罐内氧气几乎耗尽,尽管质量不一样,但同一种煤种所释放的氢气量相差不大,如 2.5gXS 煤释放了 113×10^{-4} mL 氢气,而 5g 的 XS 煤释放了 105×10^{-4} mL;2.5g 的 JC 煤释放了 69×10^{-4} mL 氢气,而 5g 的 JC 煤释放了 59×10^{-4} mL。这表明在无氧环境下煤样质量的变化对氢气量的释放并没有影响,这与 3.2.2 节所得出的结论一致,进一步说明了氢气的释放并非来源于热分解反应。此外,对比 5 种煤的 $H_2/\Delta O_2$ 值可以发现,150℃煤温下,不同煤种的 $H_2/\Delta O_2$ 值不一样,因为这与煤的变质程度有关;但同一种煤 $H_2/\Delta O_2$ 值几乎是一个定值,表明氢气的释放与煤样的耗氧有着直接的关系,与煤样质量等其他因素无关,即氢气的释放是

伴随着煤的复合氧化反应,煤样的耗氧量决定了氢气的释放量。基于以上分析,氢气的释放主要通过途径2生成,当煤氧接触时,煤样表面活性中心吸附氧气,形成不稳定的过氧化物或者过氢化物中间体,这些不稳定的中间产物会逐渐分解成稳定的活性官能团,某些特定的活性官能团会进一步发生氧化反应,释放出氢气。

表3-10 150℃时煤样在氧化环境中氢气释放情况

煤样	质量/g	氢气释放量/10^{-4} mL	氧气消耗量/mL	$(H_2/\Delta O_2)/10^{-4}$
ZB煤	2.5	27	10.39	2.59
	5	28	10.38	2.67
SD煤	2.5	72	10.44	6.89
	5	78	10.44	7.47
YM煤	2.5	43	10.41	4.13
	5	46	10.39	4.43
XS煤	2.5	113	10.42	10.84
	5	105	10.44	10.06
JC煤	2.5	69	10.38	6.07
	5	59	10.41	5.67

3.3.2 氢气释放规律分析

3.3.2.1 氢气释放与煤样含氢量的关系

氢气通过煤氧反应释放,而氢气中只含有氢原子,并没有氧原子,因此氢气中的氢原子只能来自煤中的氢,氢气的生成与煤中的氢元素有着直接关系。图3-5为不同煤种的$H_2/\Delta O_2$值与含氢量随煤阶的变化趋势图。如图3-5所示,煤种不同,$H_2/\Delta O_2$值差异较大,表明煤样释放氢气的能力并不一样。随着煤种变质程度的增加,煤种的氢气释放能力并没有表现出单调性的变化规律,而是呈现出波浪式振动趋势变化。以煤温150℃的氢气释放情况为例,消耗单位氧气量,SD煤的$H_2/\Delta O_2$值在7×10^{-4}左右,YM煤的$H_2/\Delta O_2$值降低到4×10^{-4}左右,而变质程度较高的 XS 煤的 $H_2/\Delta O_2$ 值又升高到 10×10^{-4} 左右。同时,图 3-5 也显示出煤中的含氢量随着煤变质程度的增加先呈现逐渐增加的趋势,而后到 JC 煤开始下降,并低于 XS 煤的含氢量。通过对比分析煤种的氢气释放能力与内在含氢量的关系可以发现,一方面两者的变化规律有一致的地方,例如 ZB 煤的氢气释放能力与含氢量均较低,而 XS 煤的氢气释放能力与含氢量均较高。同时,从整体上看,从 ZB 煤到 XS 煤,随着煤阶的增加,煤种的氢气释放能力与内在含氢量总体上均是先增加的趋势,随后到 JC 煤后开始下降。另一方面,煤种的氢气释放能力与内在含氢量变化规律又存在明显的不一致性。例如,YM 煤的含氢量高于 SD 煤,但其氢气释放能力明显低于 SD 煤;JC 煤的含氢量低于 ZB 煤,而其氢气释放能力却高于 ZB 煤。因此,煤样释放氢气与煤种的含氢量并非严格的线性对应关系。这主要是因为尽管煤分子中均含有大量 H 元素,但 H 元素的存在形式与分布规律不同。也就是说,煤种变质程度不同,直接导致煤分子大骨架结构中含氢官能团的种类与含量的不同。煤氧化反应中,特定的含氢官能团构成了生成氢气的前驱体,煤种的差别引起氢气前驱体含量的不同,因此,除了煤的含氢量,煤中含氢官能团的存在形式也可能影响氢气的释放,这在第 5 章将进行详细分析。

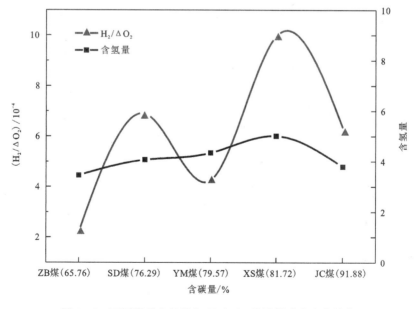

图 3-5 不同煤种含氢量与 $H_2/\Delta O_2$ 值随煤阶的变化趋势

3.3.2.2 氢气释放与煤温的关系

氢气的释放与煤体耗氧密切相关,利用 $H_2/\Delta O_2$ 值可表示煤体氧化所生成氢气的能力。在相同的煤温下,煤样的 $H_2/\Delta O_2$ 值几乎保持稳定,表明在特定的温度下,消耗单位氧气时氢气的释放量是不变的。

从图 3-6 中可知,5 种煤样的 $H_2/\Delta O_2$ 值随煤温的变化规律,其中 ZB 煤在 60℃未明显检测到氢气的生成。一般情况下,煤温直接影响煤氧化进程。煤温上升,煤氧反应速率加快,煤样耗氧量会增加,导致氢气的释放量自然也会随之增加。从图 3-6 可以看到,5 种煤样的 $H_2/\Delta O_2$ 值均随着煤温的增加而逐渐增加,100℃是 $H_2/\Delta O_2$ 值变化的临界点,当煤温高于 100℃,煤样的 $H_2/\Delta O_2$ 值明显变大。例如 SD 煤 100℃时的 $H_2/\Delta O_2$ 值为 5.11,而 125℃时 $H_2/\Delta O_2$ 值为 6.67,增加了 30.5%;XS 煤 100℃时的 $H_2/\Delta O_2$ 值为 7.45,而 125℃时 $H_2/\Delta O_2$ 值为 9.61,增加了 28.9%。随着煤温的增加,当消耗单位体积的氧气时,煤样所释放的氢气量也会增加,即煤体的氢气释放能力会逐渐增加。煤体宏观温度的上升会直接引起煤分子内部各种基本元素的迁移变化,而煤中 H 元素与

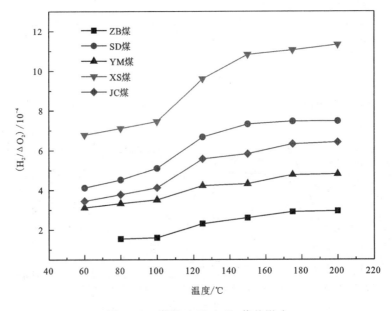

图 3-6 煤温对 $H_2/\Delta O_2$ 值的影响

O 元素随煤温所表现出的不同转化规律,会引起 $H_2/\Delta O_2$ 值发生改变,关于元素迁移规律的分析将在第 4 章详细列出。因此,煤温对煤体释放氢气的影响主要有两个方面:一方面,煤温升高,耗氧量增加,氢气释放量增加;另一方面,煤温的上升会增加或提高煤体单位耗氧量所释放的氢气量,从而增加氢气总体释放量。

3.4 氢气释放的动力学特性研究

3.4.1 氢气释放速率

氢气主要是由煤的氧化反应释放,而在特定温度下,氧化产物与氧气含量的关系可以用式(3-1)表示:[152,153]

$$R = K C_{O_2}^n \tag{3-1}$$

同时,氢气的释放速率可以表示为

$$R = \frac{dC_{H_2}}{dt} \tag{3-2}$$

因此,联合式(3-1)和式(3-2)可得

$$\frac{dC_{H_2}}{dt} = K C_{O_2}^n \tag{3-3}$$

式中:R 为氢气释放速率[mol/(g·s)];K 为反应速率常数(s^{-1});C_{O_2} 为氧气含量(%);C_{H_2} 为氢气含量(%);t 为反应时间(s);n 为反应级数。

本实验采用 100mL 的反应罐,图 3-7 反映了 ZB 煤、SD 煤与 XS 煤在 80℃和 125℃条件下氢气释放量与反应时间的关系,最后利用最小二乘法对数据进行处理可以发现,氢气的释放量随氧化时间呈现近线性的关系,因此可得

$$\frac{dC_{H_2}}{dt} = K \tag{3-4}$$

也就是说,在氧化过程中,宏观氢气释放的反应级数为 0,即 $n=0$,属于化学控制阶段。化学控制阶段氧气含量和煤表面活性位点数量较为充足,煤温是主要影响氢气释放速率的因素。根据相关文献资料[7,21],煤在限定空间内的氧化过程可以分为化学控制阶段、动力控制阶段等数个阶段,主要是因为随着反应的进行,环境中氧气含量会逐渐下降,活性位点也会不断减少,当氧气含量降低到一定值时,氧化反应速率就会受到抑制,从而降低了氢气的释放速率。一般来

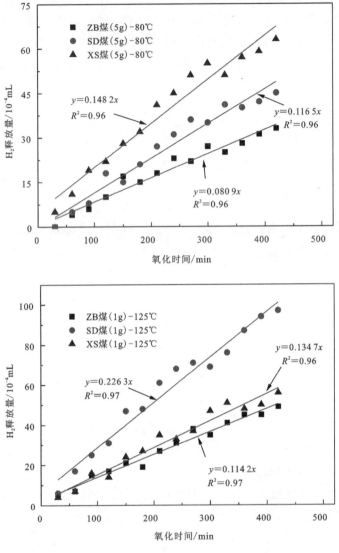

图 3-7　H_2 释放量随氧化时间的变化趋势

R^2. 拟合系数

说,在降低趋势出现之前的氢气反应速率,也就是化学控制阶段的氢气反应速率更能反映煤氧化的本征反应。因此,在恒定氧化温度下,将连续检测得到的煤氧化过程中氢气的释放量,与拐点之前的氢气释放量随反应时间的变化进行线性拟合,利用式(3-5)可以计算该温度下氢气的生成速率。

$$\frac{dC_{H_2} \cdot V}{dt \cdot m \cdot 22.4 \times 60 \times 1000} = R_{H_2} \tag{3-5}$$

式中:C_{H_2}为氢气含量(10^{-6});V为反应罐体积(100mL);t为煤在反应罐内的氧化时间(min);m为实验煤样的质量(g);R_{H_2}为特定温度下氢气的释放速率[mol/(g·s)]。

表 3-11 为 5 种不同变质程度煤样在不同煤温下的氢气释放速率,其中 ZB 煤在煤温 60℃时并没有明显检测到氢气的释放,故无法准确测定氢气的释放速率。首先从总体来看,煤低温氧化过程中的氢气释放速率常数是很小的,在煤温 60℃时,XS 煤氢气释放速率最高,为 7.81×10^{-11} mol/(g·min);在煤温 125℃时 SD 煤氢气释放速率最高,但也只有 8.2×10^{-10} mol/(g·min),氢气的释放速率比同温度下 CO 的释放速率小了约 2 个数量级[18,22]。其次,随着煤温的升高,氢气释放速率均逐渐增加,例如 YM 煤在煤温 60℃时,氢气释放速率为 4.44×10^{-11} mol/(g·min),在 200℃时,氢气释放速率为 6.43×10^{-9} mol/(g·min),增加了 2 个数量级;JC 煤在煤温 60℃时,氢气释放速率为 2.14×10^{-11} mol/(g·min),在 200℃时,氢气释放速率为 2.90×10^{-9} mol/(g·min),同样增加了 2 个数量级。

表 3-11 不同变质程度煤样在不同煤温下氢气的释放速率

煤温	氢气释放速率/[mol·(g·min)$^{-1}$]				
	ZB 煤	SD 煤	YM 煤	XS 煤	JC 煤
60	—	6.92×10^{-11}	4.44×10^{-11}	7.81×10^{-11}	2.14×10^{-11}
80	7.14×10^{-11}	1.03×10^{-10}	8.53×10^{-11}	1.34×10^{-10}	3.97×10^{-11}
100	1.31×10^{-10}	1.96×10^{-10}	1.40×10^{-10}	2.03×10^{-10}	6.47×10^{-11}
125	4.91×10^{-10}	8.20×10^{-10}	4.23×10^{-10}	6.01×10^{-10}	1.99×10^{-10}
150	1.34×10^{-9}	2.11×10^{-9}	1.03×10^{-9}	1.70×10^{-9}	3.83×10^{-10}
175	3.35×10^{-9}	4.94×10^{-9}	3.21×10^{-9}	4.02×10^{-9}	1.43×10^{-9}
200	6.92×10^{-9}	8.70×10^{-9}	6.43×10^{-9}	7.54×10^{-9}	2.90×10^{-9}

同时,对比不同煤样的氢气释放速率可以发现,尽管之前的研究表明了消耗单位氧气 YM 煤的氢气释放量高于 ZB 煤 2 倍多,但 80℃煤温时,YM 煤的氢气释放速率为 8.53×10^{-11} mol/(g·min),ZB 煤的氢气释放速率为 $7.14 \times$

10^{-11} mol/(g·min)，两者的氢气释放速率相差不多，这主要是因为 ZB 煤作为变质程度较低的煤样，其在氧化反应过程中耗氧速率明显高于 YM 煤。因此，就单位时间内的氢气释放速率值而言，ZB 煤并不比 YM 煤少很多。同样的现象在对比 SD 煤与 XS 煤时也可以发现，在 80℃时，SD 煤的氢气释放速率为 1.03×10^{-11} mol/(g·min)，XS 煤的氢气释放速率为 1.34×10^{-11} mol/(g·min)，SD 煤的氢气释放速率小于 XS 煤；而当煤温 125℃时，SD 煤的氢气释放速率为 8.20×10^{-10} mol/(g·min)，XS 煤的氢气释放速率为 6.01×10^{-10} mol/(g·min)，SD 煤的氢气释放速率反而超过了 XS 煤，同样是因为 SD 煤的氧化活性较 XS 煤而更活泼，在升温时 SD 煤的耗氧量将大于 XS 煤，因此尽管 XS 煤的氢气释放能力高于 SD 煤，但 SD 煤的氢气释放速率也逐渐高于 XS 煤。在煤温 100℃之前，煤样的氢气释放速率顺序为 XS 煤>SD 煤>YM 煤>ZB 煤>JC 煤；而在煤温 100℃以后，煤样的氢气释放速率顺序为 SD 煤>XS 煤>ZB 煤>YM 煤>JC 煤。这表明煤的变质程度与煤温共同影响氢气的释放速率。

3.4.2 氢气生成活化能

根据阿尼雷乌斯公式可得

$$K = A\exp(-E_a/RT) \tag{3-6}$$

两边同时求对数并整理可得

$$\ln K = -E_a/RT + \ln A \tag{3-7}$$

式中：K 为反应速率[mol/(g·s)]；E_a 为活化能(kJ/mol)；R 为气体常数；A 为指前因子。活化能 E_a 可以通过 $\ln K$ 对 $1/T$ 的斜率得到。

图 3-8 为 5 种煤样 $\ln K$ 与 $1/T$ 关系，可以看到 $\ln K$ 随着 $1/T$ 变化的值并非一条直线，而是可以用两段线段进行描绘，表明氢气释放表观活化能随着温度的变化而变化，同时说明了煤氧化过程中氢气的释放可以划分为两个不同的阶段(60～100℃和 100～200℃)。图 3-9 是以 ZB 煤、SD 煤和 XS 煤为例，分析氢气释放速率随煤温的变化规律。可以看到，煤温 100℃是临界温度点，在煤温低于 100℃时，氢气释放速率很小，且增长不明显，这个阶段是氢气缓慢释放阶段；当煤温高于 100℃时，氢气释放速率开始迅速增大，并以近指数形式增长，这个阶段为氢气加速释放过程。对比两个氢气释放阶段可以发现，氢气缓慢释放阶段，由于煤氧复合反应缓慢，耗氧速率总体较低，氢气的释放速率也较低，其数量级均在 10^{-10} 左右，相较于如 CO、CO_2 等其他气相产物，单位时间内氢气的释放量是很小的，这也表明此阶段对氢气的准确监测是较困难的。而煤温高于

100℃后,随着煤氧反应进程的加速,煤体耗氧速率增加,煤样的氢气释放能力也得以提高。此时氢气进入加速释放阶段,此阶段的氢气释放量大大增加,高释放量的氢气也为精确测定氢气浓度提供了便利。这也是为什么许多学者在煤温100℃之前未检测到氢气,而当煤温高于100℃后逐渐检测到了氢气的生成[123,154]。一些学者鉴于煤温100℃后氢气的快速生成特征,提出了利用氢气进行预测预报煤温的相关方法[133,137]。

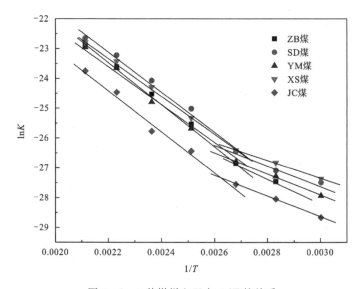

图 3-8　5 种煤样 $\ln K$ 与 $1/T$ 的关系

表 3-12 是根据 $\ln K$ 随 $1/T$ 变化计算的煤样氢气释放活化能值,该活化能值指的是表观活化能。一方面是由于煤的氧化反应属于气固耦合反应,并非均相反应;另一方面煤氧化过程中氢气的释放包含几个连续的步骤,而不是只有一个步骤,因此所求的活化能值根据宏观氢气释放规律计算。

由表 3-12 可知,氢气释放可以分为两个阶段,两个阶段氢气释放机制并不一样,所以两个阶段的活化能值也不一样,并且随着煤温的增加,氢气释放活化能值也随之增加。例如 ZB 煤在第一阶段氢气释放活化能值为 33.01kJ/mol,而第二阶段氢气释放活化能值为 58.11kJ/mol。从煤氧化反应机理角度分析,煤温在 100℃之前,煤氧反应以化学吸附为主,反应进程较为缓慢;而当煤温超过 100℃时,煤氧反应以化学反应为主,煤氧反应进程加快,反应所需要的能量增加。从氢气释放角度分析,氧化过程中生成氢气的前驱体化合物稳定增加,分解

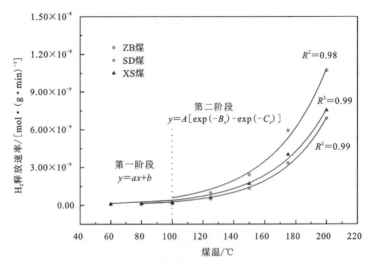

图 3-9 氢气释放速率随煤温的变化规律

A、B_x、C_x 为系数；R^2 为拟合系数

前驱体释放氢气所需要的能量增加；同时，氢气释放速率常数增加，生成氢气前驱体数量也会随之增多。因此，氢气释放活化能与其前驱体数量之间存在协同效应。

表 3-12 不同煤样在两个阶段的氢气释放表观活化能值　　单位：kJ/mol

反应阶段	活化能值				
	ZB 煤	SD 煤	YM 煤	XS 煤	JC 煤
第一阶段	33.01	26.77	29.72	24.69	28.57
第二阶段	58.11	55.53	56.83	53.77	56.08

表 3-12 显示煤样不同，其氢气释放的活化能值也有差别。煤氧化反应中，氢气的释放过程不仅受到了生成氢气前驱体来源的控制，也受到前驱体浓度的影响，不同变质程度煤样氧化反应过程不同，从而造成不同煤种之间的氢气释放活化能存在差异。对比不同煤种的氢气释放活化能值发现，每个氢气释放阶段的活化能值均符合 ZB 煤＞YM 煤＞JC 煤＞SD 煤＞XS 煤的变化顺序，有趣的是，通过之前的研究已经得知，煤样的氢气释放能力顺序为 ZB 煤＜YM

煤＜JC 煤＜SD 煤＜XS 煤。一般来说,活化能表示势垒的高度,其大小可以反映化学反应发生的难易程度。活化能值越高,化学反应越困难;反之,化学反应越容易。通过计算发现,ZB 煤的活化能值最大,表示 ZB 煤生成氢气的反应过程较为困难;而 XS 煤的活化能值最小,表示 XS 煤生成氢气的反应过程较为容易,对其他煤样的分析结果也是如此。因此,氢气释放活化能值的大小与煤样氢气释放能力的高低排序所反映出的意义是一致的,这也从氧化动力学角度解释了煤氧化过程中氢气释放能力随着煤变质程度的加深而呈现波浪式变化的原因。

此外,综合分析各个煤样两个阶段的氢气释放活化能值可以发现,尽管活化能值大小不同,但是这种差别并不大。例如氢气释放的第二阶段中,ZB 煤的活化能值最高,为 58.11kJ/mol,而 XS 煤的活化能值最低,为 53.77kJ/mol,两者只是相差 4.34kJ/mol。这表明煤样在氧化过程中氢气生成途径相似,而且生成氢气的官能团或者氧化中间产物应基本相同,但煤种不同,含有生成氢气的官能团或者中间产物的前驱体化合物在类别、含量上均有所差别。

3.5 本章小结

(1)通过对煤体吸附气体进行测试发现,煤样 CO 的吸附量是 H_2 吸附量的 3 倍以上,而 CO_2 的吸附量是 H_2 吸附量的 100 倍左右。实验结果表明,煤体对 H_2 并无明显的吸附,对 H_2 的检测能够及时准确地反映气体的真实信息,这也是 H_2 作为指标气体优于 CO 之处。

(2)煤氧化升温过程中,氢气的释放受到煤温、煤变质程度、煤粒径、煤质量等多方面因素的影响。随着煤种变质程度的增加,煤体释放氢气的能力呈现出先增加—后降低—再增加—再降低的一种近似于波浪式的变化特征。而煤温的上升,不仅促进了氢气的释放量,也提高了单位氧气消耗条件下氢气的释放能力。基于此,煤温和煤变质程度均从根本上影响氢气的释放,而煤粒径和煤质量主要通过影响煤氧化反应进程而间接影响氢气的释放。

(3)煤氧化升温过程中氢气的释放主要来源于煤与氧气的氧化反应过程,而不是原煤中赋存的含氢官能团的热分解反应。氢气的释放可以划分为两个阶段,煤温 100℃是临界温度点,低于 100℃时为氢气缓慢释放阶段,高于 100℃时为氢气加速释放阶段。

(4)对于不同煤种,它们的氢气释放活化能值的大小与其氢气释放能力的高低排序是一致的,ZB煤的氢气释放活化能值最大,表明释放氢气需要更多能量,则氢气释放能力最小;而XS煤氢气释放的活化能值最小,其氢气释放能力最大。这也从氧化动力学角度解释了煤样氧化过程中氢气释放能力随着煤变质程度的加深而呈现波浪式变化的原因。

(5)各个煤样在两个阶段的氢气释放活化能值差别并不大,表明氢气生成途径应该相似,而且生成氢气的官能团或者氧化中间产物应该基本相同,只是煤种不同,含有该官能团或者中间产物的前驱体化合物在种类与含量上均有所差别。

4 煤氧化过程中元素迁移与生成氢气前驱体的实验研究

煤的氧化包括了一系列反应步骤,煤中成分的多样性在一定程度上造成了煤氧化进程的复杂性。一般来说,煤氧反应主要发生在煤中有机大分子结构中,而组成煤分子的主要基本元素包括C、H、O、N和S共5种。煤的氧化反应涉及多种固态中间产物与气相氧化产物的生成,从元素角度分析,这些反应本质上是各种元素相互之间的迁移与转化,因此以最基本的组成元素C、H、O、S和N作为单体,分别研究这些元素在煤氧化过程中的变迁规律和反应动力学特性,这对揭示煤氧化机理具有重要意义。同时,氢气的释放涉及H元素的转化,在掌握元素迁移规律的基础上,研究煤中各种主要含氢官能团释放H_2情况,对比确定生成氢气的前驱体,以便进一步分析H_2释放途径。

4.1 氧化过程中元素迁移转化规律

4.1.1 元素的转化规律

煤氧化反应涉及一系列宏观气相产物与固相产物的释放,并伴随着中间络合产物的产生,这些反应过程引起了煤中主要元素(C、H、O、N、S)的迁移与转化,图4-1列举了SD煤、YM煤和XS煤在煤氧化升温过程中各种主要元素的变化规律。

图4-1显示,C元素含量在煤中最多,远高于其他元素的含量,C元素的含量随着煤温的增加而逐渐降低,同时,煤中H、S元素变化趋势与C元素相似,其含量也逐渐下降,而N元素在氧化初期变化不大,在氧化后期含量逐渐呈现下降趋势。煤中O元素含量随着煤温的增加逐渐上升,主要是由于煤氧化过程中氧气作为反应媒介不断被煤体吸附,结合过氧化物、过氢化物等中间产物且不断沉积赋存,促使氧含量慢慢增加。与此同时,煤氧反应过程中会释放出各种氧化

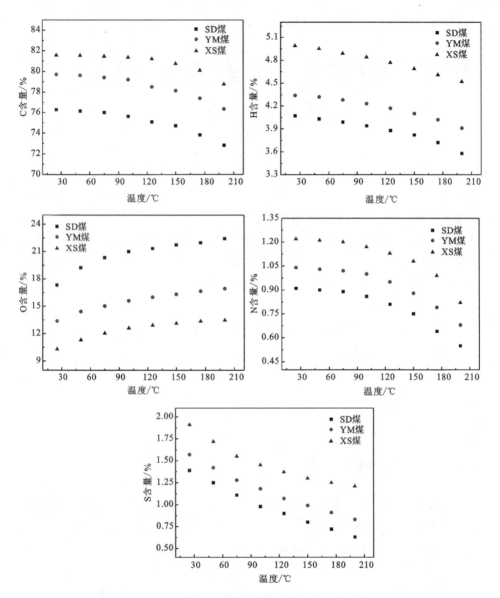

图 4-1 煤内各种主要元素随煤温的变化趋势

产物,造成煤中 C、H、N、S 元素不断地流失而减少。对比 SD 煤、YM 煤与 XS 煤的元素变化情况可以发现,尽管不同煤种的元素含量与迁移速率不同,但各种主要元素的迁移机制一样,元素的总体转化规律也相似,因此本章以 YM 煤为例,研究煤氧化过程中元素的迁移与转化特性。

4.1.2 元素的迁移转化特性分析

煤分子是以 C 元素为基础的大骨架分子结构,物理化学反应的进行都有含碳基团的参与,因此以 C 元素作为基础单元,分别研究氧化过程中不同煤温下 S/C、N/C 与 H/C 三种比值随 O/C 的变化关系,如图 4-2 所示。

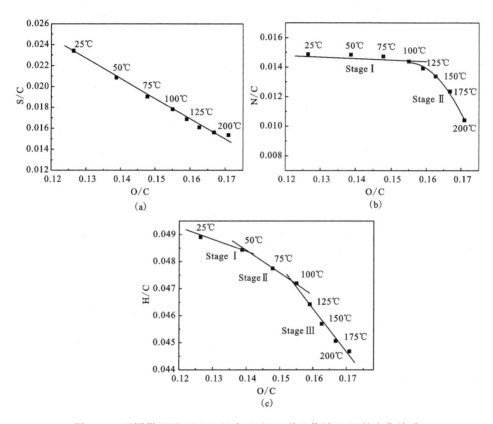

图 4-2 不同煤温下 S/C、N/C 与 H/C 三种比值随 O/C 的变化关系

图 4-2 中,坐标中两点之间间距的大小表示该元素含量的变化幅度。如图 4-2(a)所示,随着煤温的升高,煤氧反应进程加速,O/C 值不断增加,但增加幅度逐渐减小;而 S/C 值逐渐减小,并在整个氧化过程呈线性均匀减小,表明煤中 S 元素的含量不断降低。图 4-2(b)显示,在 100℃之前 N/C 值较稳定,煤温超过 100℃后,N/C 值开始迅速减小,且变化幅度超过 O/C 值。图 4-2(c)显示,H/C 随 O/C 的变化趋势根据煤温可以划分为 3 个阶段,分别是煤温低于 50℃

(第一阶段)、50℃～100℃(第二阶段)和煤温高于100℃(第三阶段)。其中,第一阶段和第二阶段中,O/C 值的变化幅度均大于 H/C 值变化幅度,但增加幅度逐渐放缓;在第三阶段,H/C 的变化幅度反超 O/C 值变化幅度。根据已有的研究成果[155,156],煤样在物理吸附($t<50℃$)和化学吸附($50℃<t<100℃$)阶段,煤氧反应较为缓慢,此时煤中的 O/C 与 H/C 联合反应,但 O/C 变化占主导地位,释放出相应的 CO、CO_2 等气相产物;在化学反应阶段($t>100℃$)煤氧反应加剧,H/C 的变化频率超过 O/C,C_xH_y、H_2 等含氢化合物的释放量增加。

由 3.3 节中的研究可知,煤样的 $H_2/\Delta O_2$ 值随着温度的增加而逐渐增加,同时,煤温高于 100℃后,煤样的 $H_2/\Delta O_2$ 增加幅度会明显变大,氢气释放能力进一步增加。从元素迁移变化角度分析,在整个氧化过程中,H 元素的变化幅度逐渐增强,而 O 元素尽管也一直呈现增加的趋势,但其增加幅度是不断减小的。也就是说,H 元素转化率($\Delta H/H_{原煤}$)对 O 元素转化率($\Delta O/O_{原煤}$)的比值是逐渐增加的,如图 4-3 所示。同时,在煤温高于 100℃后,H 元素转化率/O 元素转化率的比值会迅速增加,100℃是其变化的临界温度,这进一步说明 100℃后煤中 H 元素变化逐渐占据主要位置。氢气的释放属于 H 元素迁移的一个方向,氧化过程中 H 元素的迁移特性符合氢气的变化规律,这也从元素转化的角度上印证了氢气的变化规律。

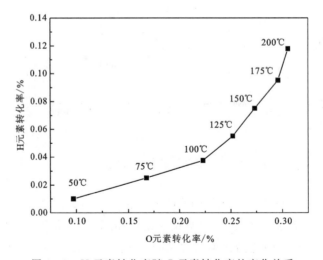

图 4-3 H 元素转化率随 O 元素转化率的变化关系

4.2 元素转化动力学特性

煤氧化复合反应过程是一个复杂的动力学过程,是煤非均质结构内部所参与的平行或竞争的物理化学反应的综合表现,本研究利用准一级动力学模型、Coats and Redfern 积分法模型以及 Achar 微分法模型 3 种动力学模型对元素转化动力学参数进行研究[157-160]。

4.2.1 准一级动力学模型

在氧气充足的条件下,依据准一级反应机理,煤氧化过程中 C、H、O、S 和 N 元素的反应速率分别与其浓度成正比,用式(4-1)表示为

$$\frac{dC}{dt} = KC^n \tag{4-1}$$

式中:C 为该元素含量(%);t 为反应时间(s);K 为反应速率常数(s^{-1});n 为反应级数。由式(4-1)得 $\frac{dC}{C^n} = Kdt$,等式两边同时积分,得

$$\int_{C_{i+1}}^{C_i} C^{-n} dC = K \int_0^t dt \tag{4-2}$$

式中:C_i 和 C_{i+1} 分别为相邻两个时间煤中该元素的含量(%)。在氧气充足的条件下,煤的氧化反应过程符合准一级反应过程,此时 $n=1$,因此可对式(4-2)进行求解,对于一个含量不断降低的反应体系,其反应速率为

$$K = \frac{1}{t} \ln \frac{C_i}{C_{i+1}} \tag{4-3}$$

对于一个含量不断增高的反应体系,其反应速率为

$$K = \frac{1}{t} \ln \frac{C_{i+1}}{C_i} \tag{4-4}$$

根据式(3-7),联立式(4-3)与式(4-5),整理可得

$$\ln\left(\frac{1}{t} \ln \frac{C_i}{C_{i+1}}\right) = -\frac{E_a}{R} \cdot \frac{1}{T} + A \tag{4-5}$$

同理,联立式(4-4)和式(3-7),然后通过 $\ln K$ 对 $1/T$ 作图,可以进一步求得不同元素氧化过程中的活化能 E_a,如图 4-4 所示,$\ln K$ 与 $1/T$ 存在良好的线性关系。计算的反应速率与活化能如表 4-1 所示。

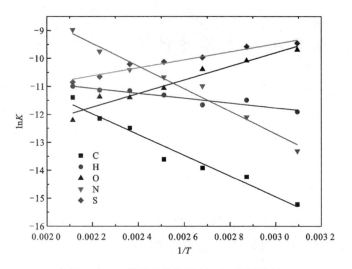

图 4-4　5 种元素的 lnK 对 1/T 作图结果

表 4-1　不同温度各种元素的反应速率及活化能

	温度/℃	C	H	O	N	S
反应速率常数 K/s^{-1}	50	$2.45×10^{-7}$	$6.71×10^{-6}$	$6.17×10^{-5}$	$5.48×10^{-6}$	$7.76×10^{-5}$
	75	$6.54×10^{-7}$	$1.02×10^{-5}$	$4.16×10^{-5}$	$5.54×10^{-6}$	$6.15×10^{-5}$
	100	$9.01×10^{-7}$	$8.62×10^{-6}$	$3.08×10^{-5}$	$1.68×10^{-5}$	$4.44×10^{-5}$
	125	$1.23×10^{-6}$	$1.22×10^{-5}$	$1.56×10^{-5}$	$2.31×10^{-5}$	$3.78×10^{-5}$
	150	$3.78×10^{-6}$	$1.42×10^{-5}$	$1.12×10^{-5}$	$3.01×10^{-5}$	$3.49×10^{-5}$
	175	$5.31×10^{-6}$	$1.46×10^{-5}$	$1.15×10^{-5}$	$5.81×10^{-5}$	$2.61×10^{-5}$
	200	$1.12×10^{-5}$	$1.68×10^{-5}$	$4.97×10^{-6}$	$1.09×10^{-4}$	$2.16×10^{-5}$
活化能 E_a/(kJ·mol^{-1})		30.86	7.29	−20.10	33.63	−10.52

4.2.2　Coats and Redfern 积分法模型

在阿尼雷乌斯公式的基础上,引入机理函数 $f(\alpha)$ 和 $G(\alpha)$[161-163],可得

$$G(\alpha)=\int_0^\alpha \frac{d\alpha}{f(\alpha)}=\frac{A}{\beta}\int_{T_0}^T \exp(-E_a/RT)dT \tag{4-6}$$

式中:α 为元素转化率,$\alpha=\dfrac{C_i-C_0}{C_0}×100\%$,$C_i$ 为某个温度下元素的含量(%),C_0 为煤中元素原始含量(%);β 为升温速率(℃/min);T 为煤温(K)。由式(4-6)

求积分得

$$G(\alpha) = \int_0^a \frac{d\alpha}{f(\alpha)} = \frac{A}{\beta}\int_{T_0}^T \exp(-E_a/RT)dT = \frac{AE_a}{\beta R}\int_\infty^u \frac{-e^{-u}}{u^2}du$$

$$= \frac{AE_a}{\beta B}p(u) = \frac{AE_a}{\beta R}\frac{-e^{-u}}{u}\pi(u) \quad (4-7)$$

式中：$p(u) = \frac{e^{-u}}{u}\pi(u)$；$u = \frac{E_a}{RT}$。

根据 Coats and Redfern 近似式的一级近似法则

$$\int_0^T \exp(-E_a/RT)dT = \frac{E_a}{R}p(u) = \frac{E_a}{R}\frac{e^{-u}}{u^2}\left(1-\frac{2}{u}\right) = \frac{RT^2}{E_a}\left(1-\frac{2RT}{E_a}\right)e^{-E/RT} \quad (4-8)$$

并设 $f(\alpha) = (1-\alpha)^n$，则有

$$\int_0^a \frac{d\alpha}{(1-\alpha)^n} = \frac{A}{\beta}\frac{RT^2}{E_a}\left(1-\frac{2RT}{E_a}\right)e^{-E/RT} \quad (4-9)$$

联立式（4-8）和式（4-9），并两边取对数整理得到如下结果：
当 $n \neq 1$ 时，

$$\ln\left[\frac{1-(1-\alpha)^{1-n}}{T^2(1-n)}\right] = \ln\left[\frac{AR}{\beta E_a}\left(1-\frac{2RT}{E_a}\right)\right] - \frac{E_a}{RT} \quad (4-10)$$

当 $n = 1$ 时，

$$\ln\left[\frac{-\ln(1-\alpha)}{T^2}\right] = \ln\left[\frac{AR}{\beta E_a}\left(1-\frac{2RT}{E_a}\right)\right] - \frac{E_a}{RT} \quad (4-11)$$

将式（4-10）和式（4-11）进行整理，可得到 Coats and Redfern 通用方程

$$\ln\left[\frac{G(\alpha)}{T^2}\right] = \ln\left[\frac{AR}{\beta E_a}\left(1-\frac{2RT}{E_a}\right)\right] - \frac{E_a}{RT} \quad (4-12)$$

因此，如果 $\ln\left[\frac{G(\alpha)}{T^2}\right]$ 与 $1/T$ 呈线性关系，利用 $\ln\left[\frac{G(\alpha)}{T^2}\right]$ 对 $1/T$ 作图，通过斜率即可以得到活化能 E_a 值，而积分机理函数 $G(\alpha)$ 与反应能级 n 的取值有关，常用的气固耦合反应积分机理函数 $G(\alpha)$ 的函数关系如表 4-2 所示[161]。

表 4-2 常用的气固耦合反应积分机理函数 $G(\alpha)$ 的函数关系

编号	积分机理函数名称	积分形式 $G(\alpha)$
1	对称收缩化学反应，$n=1/2$	$(1-\alpha)^{1/2}$
2	一级化学反应，$n=1$	$-\ln(1-\alpha)$
3	1.5级化学反应，$n=3/2$	$2[(1-\alpha)^{-1/2}]$
4	二级化学反应，$n=2$	$(1-\alpha)^{-1}$

煤中 5 种元素在不同反应级数下 $\ln\left[\dfrac{G(\alpha)}{T^2}\right]$ 与 $1/T$ 的关系如图 4-5 中所示。图中不同的反应能级代表了不同的反应机制，造成各种元素的活化能值也存在差别，但 $\ln\left[\dfrac{G(\alpha)}{T^2}\right]$ 与 $1/T$ 呈现出良好的线性关系，表明煤中元素动力学反

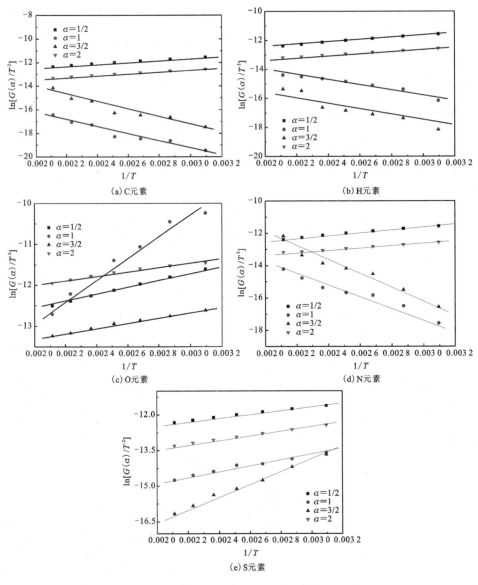

图 4-5　5 种元素在不同反应级数时的 $\ln\left[\dfrac{G(\alpha)}{T^2}\right]$ 与 $1/T$ 关系

应过程符合 Coats and Redfern 积分法模型,可以利用该模型对元素反应动力学特性进行研究。但需要注意的是,在 Coats and Redfern 积分法模型中,反应级数 n 的取值对动力学参数影响较大。例如 N 元素中,当 $n=1/2$ 时,$\ln\left[\dfrac{G(\alpha)}{T^2}\right]$ 对 $1/T$ 的直线斜率为正值;而 $n=1$ 时,其斜率为负值。由此计算的两个活化能值符号也是相异的,主要是因为 n 的取值不同,代表了不同的煤氧反应机理。因此,利用 Coats and Redfern 积分法模型研究煤氧动力学过程时,需要先确定合理的煤氧反应级数。

4.2.3 Achar 微分法模型

煤氧化过程中,阿尼雷乌斯公式的微分形式可以表示为

$$\frac{\mathrm{d}\alpha}{\mathrm{d}T} = \frac{A}{\beta} f(\alpha) \exp(-E_\mathrm{a}/RT) \tag{4-13}$$

式(4-13)可变化为

$$\frac{\beta}{f(\alpha)} \frac{\mathrm{d}\alpha}{\mathrm{d}T} = A \exp(-E_\mathrm{a}/RT) \tag{4-14}$$

两边取对数为

$$\ln \frac{\beta}{f(\alpha)} \frac{\mathrm{d}\alpha}{\mathrm{d}T} = \ln A - \frac{E_\mathrm{a}}{RT} \tag{4-15}$$

同时,$\beta = \mathrm{d}t/\mathrm{d}T$,则式(4-15)可整理为

$$\ln \frac{\mathrm{d}\alpha}{f(\alpha)\mathrm{d}T} = \ln A - \frac{E_\mathrm{a}}{RT} \tag{4-16}$$

如果 $\ln \dfrac{\mathrm{d}\alpha}{f(\alpha)\mathrm{d}T}$ 对 $1/T$ 作图满足线性关系,表明反应过程也可以用 Achar 微分法进行研究[164-167],其中 $\dfrac{\mathrm{d}\alpha}{\mathrm{d}T}$ 可以通过 α 对 T 的斜率求得,$f(\alpha)$ 为微分机理函数,其取值范围如表 4-3 所示。

表 4-3 微分机理函数 $f(\alpha)$ 的函数关系

编号	微分机理函数名称	微分形式 $f(\alpha)$
1	对称收缩化学反应,$n=1/2$	$2(1-\alpha)^{3/2}$
2	一级化学反应,$n=1$	$1-\alpha$
3	1.5 级化学反应,$n=3/2$	$(1-\alpha)^{3/2}$
4	二级化学反应,$n=2$	$(1-\alpha)^2$

图 4-6 显示了 5 种元素在不同反应能级时的 $\ln\dfrac{d\alpha}{f(\alpha)dT}$ 对 $1/T$ 作图情况，从图中可以看到，当反应能级数 n 取不同的数值时，$\ln\dfrac{d\alpha}{f(\alpha)dT}$ 与 $1/T$ 之间只能用高次曲线函数进行拟合，也就是说 $\ln\dfrac{d\alpha}{f(\alpha)dT}$ 与 $1/T$ 之间并非线性函数关系，

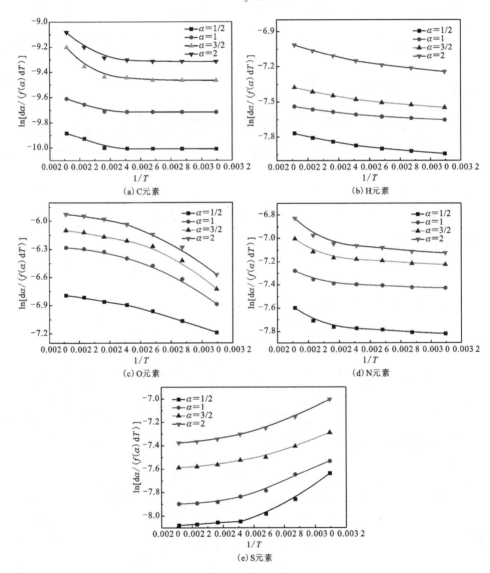

图 4-6　5 种元素在不同反应能级时的 $\ln\dfrac{d\alpha}{f(\alpha)dT}$ 与 $1/T$ 关系

这表明煤中元素动力学反应过程并不符合 Achar 微分法模型,不能利用该模型对元素反应动力学特性进行研究。

4.2.4 元素迁移动力学特性分析

通过研究发现,煤内部的元素动力学反应过程符合准一级动力学模型和 Coats and Redfern 积分法模型,而不符合 Achar 微分法模型,因此本次研究选择利用准一级动力学模型和 Coats and Redfern 积分法模型两种方法计算煤中元素迁移活化能值,其中 Coats and Redfern 积分法模型中的反应级数 n 取 1,计算结果如表 4-4 所示。

表 4-4 显示,两种模型计算的活化能值相差不大,再次说明了准一级动力学模型和 Coats and Redfern 积分法模型均可以用来研究元素氧化反应的动力学特性。分析煤样的 5 种基本元素的活化能值发现,C、H、N 三种元素的活化能均为正值,其中,H 元素的活化能最小,表明煤中 H 元素稳定性低,含 H 官能团容易发生氧化反应。Arash Tahmasebi 也发现煤低温氧化过程中,脂肪族 C—H 键首先吸附氧分子而被氧化[168]。而 N 元素活化能较高,表明 N 元素在煤中以较稳定的化合物形式存在,在氧化迁移中需要更多的能量。

表 4-4 不同煤样在准一级和积分法模型中表观活化能值　　　　单位:kJ/mol

煤样	模型	活化能 E_a				
		C	H	O	N	S
ZB 煤	准一级	22.54	6.14	-13.34	31.69	-8.47
	积分法	22.41	6.07	-12.14	32.19	-8.21
SD 煤	准一级	24.56	6.78	-17.58	33.14	-12.24
	积分法	25.11	6.41	-18.51	34.57	-11.03
YM 煤	准一级	30.86	7.29	-20.10	33.63	-10.52
	积分法	33.58	7.34	-21.28	34.11	-11.47
XS 煤	准一级	37.37	8.14	-25.57	32.57	-10.89
	积分法	38.58	7.58	-24.81	31.17	-11.12
JC 煤	准一级	44.97	8.65	-33.16	34.91	-13.24
	积分法	46.14	8.94	-33.04	33.29	-14.18

值得注意的是,煤中 O 元素的活化能为负值。从动力学理论分析,这主要是由于煤中 O 元素的反应并非简单的基元反应,其变化涉及中间氧化产物的生成与分解两个相互竞争的反应序列。一方面,煤温升高,煤体不断吸附氧气,生成如过氧化物等含氧中间络合物,氧化体系的本征动力活化能增加;另一方面,中间络合物自身也会发生分解反应,生成相应的气相产物及化合物释放能量,降低反应体系的活化能。煤的氧化过程涉及一系列的化学反应,正是由于含氧中间络合物不断地氧化生成、分解与消耗,导致煤中 O 元素的活化能出现负值。而 S 元素的活化能同样为负值,这是由于煤中含硫化合物的氧化主要是放热反应,降低了体系能量值。

对比不同变质程度煤样的元素活化能值发现,C、H、O 的活化能值(O 元素取活化能绝对值)相差较大,例如,ZB 煤 C 元素迁移活化能值为 22.54,O 元素迁移活化能值为 13.34,而 JC 煤的 C 元素迁移活化能值为 44.97,O 元素迁移活化能值为 33.16,随着煤变质程度的增加,活化能值呈现增加的趋势,进一步说明了不同煤种中 C、H、O 元素迁移转化途径有所差别。其中 C、O 元素迁移活化能相对较高,表明 C 和 O 元素参与的反应较为复杂,存在较多的转化途径,而 H 元素迁移活化能相对较低,说明煤自燃过程中,特别是早期煤低温氧化过程中,H 元素氧化活性较强,H 元素的迁移变化在煤氧反应中起着重要的作用。5 种煤中 N 元素的迁移活化能值相差不大,转化途径单一,在煤氧化过程中所起的作用较小。S 元素的迁移活化能值变化主要与煤中含硫量有关。ZB 煤的含硫量最高,S 元素的迁移活化能值最低;JC 煤的含硫量最低,S 元素的迁移活化能值最高。

4.3 氢气释放的前驱体

通过研究元素迁移规律可以发现,煤中 H 元素的迁移活化能最低,H 元素的转化促进了煤氧复合反应的进行。氢气的释放涉及氢自由基的迁移与转化,煤中提供 H 自由基的活性官能团主要包括羟基(—OH)、脂肪族 C—H 以及含有羰基的醛基(—CHO)和羧基(—COOH),因此通过模型化合物氧化实验,利用 6201 担体来吸收上述含氢化合物溶液,分析含氢官能团在氧化反应过程中气体的释放情况。

4.3.1 模型化合物氧化实验

表 4-5 显示了 11 种不同含氢官能团分别在 60℃和 100℃恒温氧化 3h 后

所释放的气体量。从表 4-5 可以看出,就氢气而言,只有 4 种醛基(—CHO)明显释放出氢气。其中,60℃时甲醛溶液释放出 $76×10^{-6}$ 氢气,戊二醛溶液释放出 $217×10^{-6}$ 的氢气,而其他包括含羟基(—OH)、脂肪族 C—H 以及羧基(—COOH)等多种含氢化合物的溶液,在 60℃ 和 100℃ 氧化过程中均未明显检测到氢气的释放,这表明醛基在空气中可以发生氧化反应直接产生氢气,也就是说含醛基化合物是氢气释放的前驱体化合物。此外,醛基是一种化学性质比较活泼的官能团,通过模型化合物氧化实验发现,除了氢气,醛基在氧化过程中同时也可以释放一定量的 CO 和 CO_2 气体。对比 60℃ 和 100℃ 的气体生成量,醛基在 100℃时所释放的气体量明显较高,例如苯甲醛在 100℃所释放的氢气量为 $55×10^{-6}$,一氧化碳量为 $298×10^{-6}$,分别高于其在 60℃ 的所释放的氢气量($31×10^{-6}$)和一氧化碳量($76×10^{-6}$),因此温度也是影响醛基氧化反应的一个重要因素。

表 4-5 含氢官能团在 60℃ 和 100℃ 恒温氧化 3h 后所释放的氢气量

化合物		$H_2/10^{-6}$		$CO/10^{-6}$		$CO_2/10^{-6}$	
		60℃	100℃	60℃	100℃	60℃	100℃
—CHO	乙醛	33	81	96	416	2009	4891
	甲醛	76	301	65	244	778	2236
	苯甲醛	31	55	76	298	1739	3449
	戊二醛	217	1167	342	2924	5351	9849
—COOH	醋酸	0	0	44	68	6799	11 100
	苯乙酸	0	0	31	61	1127	2354
—OH	乙醇	0	0	15	23	314	592
	苯甲醇	0	0	15	18	497	867
	叔丁醇	0	0	6	12	668	971
—CH—	二苯基二甲烷	0	0	10	17	221	344
	二氯甲烷	0	0	7	9	154	221

4.3.2 醛基化合物氧化产物的红外光谱分析

红外光谱是红外光与测试物质分子相互作用,物质吸收电磁辐射的能量发生振动能级和转动能级的跃迁而形成的光谱,不同化学键或者官能团由于化学特性的差异,其振动频率会出现在红外光谱图中的某些特定的区域内,这一特性为研究有机物反应过程中的某些特定结构变化提供了参考。利用傅里叶红外光谱仪对比分析各种醛基化合物在100℃氧化前后的官能团,特别是醛基的变化规律,可以进一步分析醛基的氧化特性。

4.3.2.1 乙醛溶液红外光谱分析

图4-7是乙醛溶液在100℃氧化3h前后的红外光谱对比图,表4-6是红外吸收光谱中主要基团出峰范围与位置[169]。结合图4-7和表4-6可以发现,乙醛溶液中主要有3650~3350 cm^{-1} 区域吸收峰代表的过氧化物或者水的—OH振动,3000~2850 cm^{-1} 区域吸收峰代表的乙醛中脂肪族直链的C—H振动,1800~1550 cm^{-1} 区域吸收峰代表醛基中C=O振动,以及1100~1330 cm^{-1} 区域吸收峰代表醚键的伸缩振动。在氧化后,3650~3350 cm^{-1} 区域吸收峰面积有所下降,主要是由于水分蒸发,水羟基减小,同时,乙醛溶液发生氧化反应,醛基结构因氧化而被破坏,导致1800~1550 cm^{-1} 区域吸收峰明显下降。此外,氧化反应中伴随着碳氧化物,如CO、CO_2 的生成,也使3000~2850 cm^{-1} 区域吸收峰面积减小,而1100~1330 cm^{-1} 区域吸收峰面积却呈现增加的现象,这表明溶液中醚键增加,说明了醛基在氧化中可能会发生脱氢反应,增加了C—O键的含量。

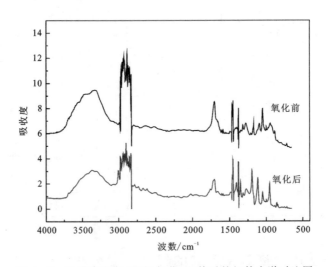

图4-7 乙醛溶液在100℃氧化3h前后的红外光谱对比图

表 4-6　红外吸收光谱中主要基团出峰范围与位置

编号	谱峰范围与位置/cm^{-1}	官能团	归属
1	3650～3350	—OH	过氧化物、水的—OH 伸缩振动
2	3300～3050	—OH	醇—OH,缔结羟基的伸缩振动
3	3000～2850	C—H	脂肪族 C—H 的伸缩振动
4	1800～1550	C=O	C=O 伸缩振动
5	1350～1500	—CH$_3$	C—H 反对称弯曲振动
6	1100～1330	C—O—C	醚键的伸缩振动

4.3.2.2　甲醛溶液红外光谱分析

图 4-8 是甲醛溶液在 100℃氧化 3h 前后的红外光谱对比图,通过分析发现,甲醛溶液与乙醛含有的官能团相近,主要有 3650～3350cm^{-1} 区域吸收峰代表的过氧化物或者水的—OH 振动,3000～2850cm^{-1} 区域吸收峰代表的乙醛中脂肪族直链的 C—H 振动,1800～1550cm^{-1} 区域吸收峰代表醛基中 C=O 振动,以及 1350～1500cm^{-1} 区域吸收峰代表 C—H 反对称弯曲振动。氧化后,3650～3350cm^{-1} 区域吸收峰面积同样由于水分蒸发而减小,同时,甲醛的氧化,促使

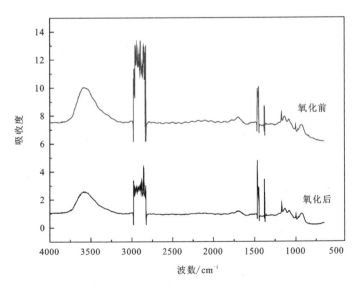

图 4-8　甲醛溶液在 100℃氧化 3h 前后的红外光谱对比图

1800～1550cm⁻¹区域吸收峰和3000～2850cm⁻¹区域吸收峰面积均减小,而1100～1330cm⁻¹区域吸收峰面积在氧化后并没有出现明显增加趋势,这可能是由于甲醛化学性质更加活泼,醛基在脱氢后直接释放碳氧化物,并没有进一步生成醚键。

4.3.2.3 苯甲醛溶液红外光谱分析

图4-9是苯甲醛溶液在100℃氧化3h前后的红外光谱对比图,通过分析发现,苯甲醛溶液主要有3650～3350cm⁻¹区域吸收峰代表的过氧化物或者水的—OH振动,3000～2850cm⁻¹区域吸收峰代表的脂肪族直链的C—H振动,1800～1550cm⁻¹区域吸收峰代表的醛基中C=O振动,以及1350～1500cm⁻¹区域吸收峰代表的C—H反对称弯曲振动。氧化后,3650～3350cm⁻¹区域吸收峰面积变化不大,而3000～2850cm⁻¹脂肪族吸收峰面积减小,同时,1350～1500cm⁻¹区域吸收峰面积也有所下降,说明氧化后的—CH结构稳定性降低,1800～1550cm⁻¹区域吸收峰面积也减小,但减小程度并不明显。一方面,醛基发生反应后结构被破坏,含量逐渐降低,但苯甲醛化学性质较为稳定,反应程度并不完全;另一方面,醛基发生反应也有可能分解产生酮基、醌基等新的基团,促使红外羰基区域吸收峰面积并没有明显降低。

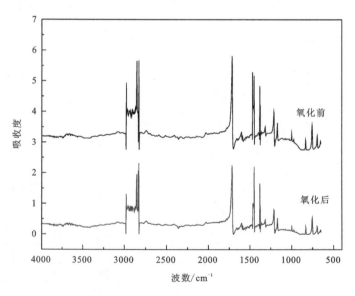

图4-9 苯甲醛溶液在100℃氧化3h前后的红外光谱对比图

4.3.2.4 戊二醛溶液红外光谱分析

图4-10是戊二醛溶液在100℃氧化3h前后的红外光谱对比图,通过分析发现,戊二醛溶液主要有3650～3350cm^{-1}区域吸收峰代表的过氧化物或者水的—OH振动,3000～2850cm^{-1}区域吸收峰代表的脂肪族直链的C—H振动,1800～1550cm^{-1}区域吸收峰代表的醛基中C=O振动,1350～1500cm^{-1}区域吸收峰代表的C—H反对称弯曲振动以及1100～1330cm^{-1}区域吸收峰代表的醚键的伸缩振动。通过对比发现,氧化后3650～3350cm^{-1}区域吸收峰面积减小,1800～1550cm^{-1}区域吸收峰面积也明显减小,戊二醛的醛基反应消耗较大,醛基氧化分解生成各种氧化产物,同样也可能被还原成各种醇类[170],产生许多新基团。1100～1330cm^{-1}醚键区域吸收峰面积有所上升,说明反应后C—O键含量的增加。3000～2850cm^{-1}和1350～1500cm^{-1}区域吸收峰面积变化不大,氧化前后—CH结构较稳定。

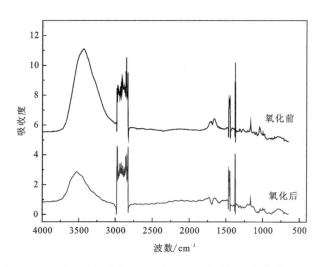

图4-10 戊二醛溶液在100℃氧化3h前后的红外光谱对比图

利用傅里叶红外光谱仪,对各种醛基溶液氧化前后的官能团进行研究,红外光谱显示醛基分子结构在氧化过程中遭到破坏,表明醛基官能团的确发生了氧化分解反应,生成各种氧化产物,同时根据气相色谱测定醛基溶液的宏观气相产物发现,醛基氧化过程中明显可以释放氢气。从氢气生成角度分析,醛基官能团是氢气释放的前驱体。

4.4 氢气释放途径

煤在氧化过程中释放氢气,将甲醛溶液、乙醛溶液、苯甲醛溶液和戊二醛溶液 4 种醛基溶液分别与煤混合,在相同的实验条件下(详细描述见 2.5 节),测定混合物在 100℃氧化 3h 后气体的释放情况。

4.4.1 煤与醛基溶液混合后的气体释放

以 SD 煤与 YM 煤为例,图 4-11 和图 4-12 分别是两种煤与各种醛基溶液混合氧化后,CO、CO_2 和 H_2 释放的对比情况。由于煤样自身也能氧化释放一

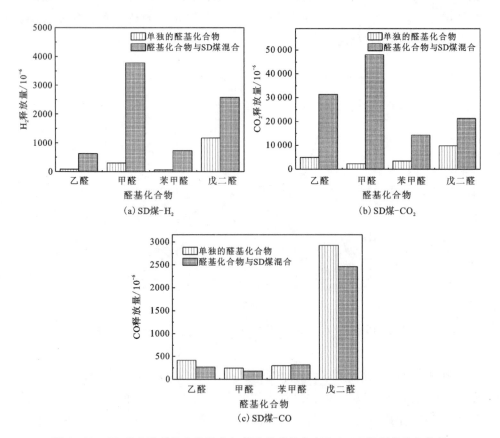

图 4-11 SD 煤和醛基化合物混合与单独的醛基化合物在 100℃释放的气体量

定量的氢气,因此图中混合物的氢气释放量为减去煤样释放氢气量后的值。从图4-11和图4-12可以发现,煤与醛基溶液混合后释放的氢气量远远大于醛基溶液自身所释放的氢气量,例如SD煤与甲醛混合后释放的氢气量是甲醛溶液单独释放量的12倍,与苯甲醛混合后释放的氢气量是苯甲醛溶液单独释放量的13倍多;而YM煤与甲醛混合后释放的氢气量是甲醛溶液单独释放量的10倍,与苯甲醛混合后释放的氢气量是苯甲醛溶液单独释放量的11倍多。CO_2释放量也有类似的特点,例如,SD煤与甲醛混合后释放的CO_2是甲醛溶液单独释放量的20倍之多,YM煤与甲醛混合后释放的CO_2是甲醛溶液单独释放量的13倍之多。由此可见,煤样与醛基溶液混合后会促进醛基释放H_2与CO_2。

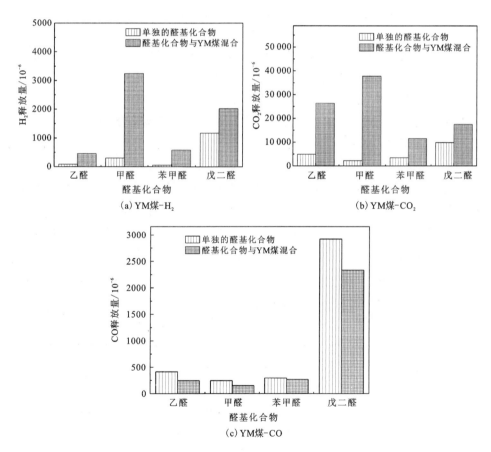

图4-12 YM煤和醛基化合物混合与单独的醛基化合物在100℃释放的气体量

此外，图 4-11(c)和图 4-12(c)显示出 CO 的释放情况与 H_2 和 CO_2 的释放不一致，SD 煤除了与苯甲醛混合后 CO 的释放量与苯甲醛自身释放的 CO 量相近之外，与甲醛、乙醛和戊二醛混合后所释放的 CO 量均明显小于这 3 种醛基溶液自身氧化所释放的 CO 量。而对于 YM 煤而言，其与 4 种醛基化合物溶液混合后释放的 CO 量，全部小于醛基化合物溶液自身所释放的 CO 量，这也表明了煤样与醛基溶液混合后反而会抑制醛基释放 CO。因此，煤样对醛基释放 H_2 和 CO_2 产生促进作用，而对 CO 的释放却起抑制作用。

4.4.2 氢气释放途径的探讨

醛基溶液在氧化过程中可以释放氢气，醛基官能团是生成氢气的前驱体，在醛基溶液与煤混合后，氢气释放量明显增加。就氢气释放而言，煤样可以催化促进醛基生成氢气。醛基中的 C—H 键在煤的催化下受到氧气攻击而发生断键反应，生成氢自由基，继而发生一系列连锁反应，其中的部分氢自由基会相互结合，产生分子氢并释放出来。同时，醛基中的羰基 C＝O 键会进一步发生氧化反应，在煤的催化下更容易生成 CO_2，而非直接分解为 CO，模型化合物的实验结果也说明了这种情况。

此外，煤作为一种结构复杂的多孔介质，内部含有多种化学性质活泼的有机物质，这些有机化合物在低温下容易发生各种氧化还原反应[171-173]。因此，煤与醛基混合后释放大量的氢气，一方面是由于煤体的催化促进作用，另一方面也有可能是煤样内部某些特定的有机物与醛基发生反应产生氢气。为了说明这点，笔者特做了氮气条件下的程序升温反应实验。

同样以 SD 煤和 YM 煤为研究对象，将煤样在惰性气体环境中研磨成粒径为 0.18~0.25mm 的样品若干克密封备用，同时准备分析纯级别的甲醛与苯甲醛溶液 500mL。实验时，将单独的 40g 煤样、单独的 10mL 的醛基溶液以及两者的混合物分别进行程序升温实验。实验在氮气环境中进行，氮气气体流量为 20mL/min，升温速率为 1℃/min，利用 GC-950 气相色谱仪收集、测定氢气浓度。

实验结果如表 4-7 所示，从表中可以看出，在氮气环境中，随着温度的上升，单独的煤样或者醛基溶液并没有产生氢气，这说明在无氧环境中煤样或者醛基溶液均难以释放氢气。而值得注意的是，当两者混合后却明显检测到氢气的释放，如 SD 煤与苯甲醛混合物在 80℃时释放氢气量为 $33×10^{-6}$，在 110℃ 释放量为 $48×10^{-6}$；YM 煤与甲醛溶液混合物在 80℃时释放氢气量为 $37×10^{-6}$，在

110℃释放量为 87×10^{-6}。且氢气释放量随着温度的上升也呈现出增加的趋势,这也说明了温度的增加可以加快反应进程。

表 4-7 氮气环境中的氢气释放量

反应物	不同温度下氢气释放量/10^{-6}			
	80℃	90℃	100℃	110℃
40gSD煤	0	0	0	0
40gYM煤	0	0	0	0
10mL苯甲醛	0	0	0	0
10mL甲醛	0	0	0	0
混合物(40gSD煤+10mL苯甲醛)	33	41	47	48
混合物(40gSD煤+10mL甲醛)	47	58	71	89
混合物(40gYM煤+10mL苯甲醛)	25	31	45	49
混合物(40gYM煤+10mL甲醛)	37	49	66	87

氮气环境中,单独的煤或醛基溶液均无法发生氧化反应,致使煤不能释放氢气,这也进一步说明了煤中氢气的释放主要来源于氧化反应,这与第3章的结论相符合。然而,虽然单独的煤或醛基溶液在氮气中无法释放氢气,但两者混合后却有氢气的生成,说明醛基溶液可以与煤中的某些特性物质发生反应,释放出氢气。醛基是一种化学性质较为活泼的官能团,可以和许多基团发生反应,Ashby[174]等研究发现,醛基与羟基在特定环境中可以进行氧化还原反应释放出氢气,而原煤中含有一定量的羟基化合物,因此煤中的含羟基化合物有可能与醛基官能团发生反应,其中醛基的羰基 C=O 键与羟基自由基结合生成一种中间产物,这种中间产物并不稳定,在加热的条件下容易进一步分解为羧酸盐,同时释放出氢气。

因此,基于以上研究,作为氢气生成的前驱体,醛基释放氢气主要有两种途径:第一种途径是醛基中的 C—H 键在煤的催化下,受到氧气攻击而发生断键反应,氢自由基相互结合生成氢气;第二种途径是醛基与煤中的含羟基化合物发生反应,分解释放出氢气。详细的反应途径如图 4-13 所示。

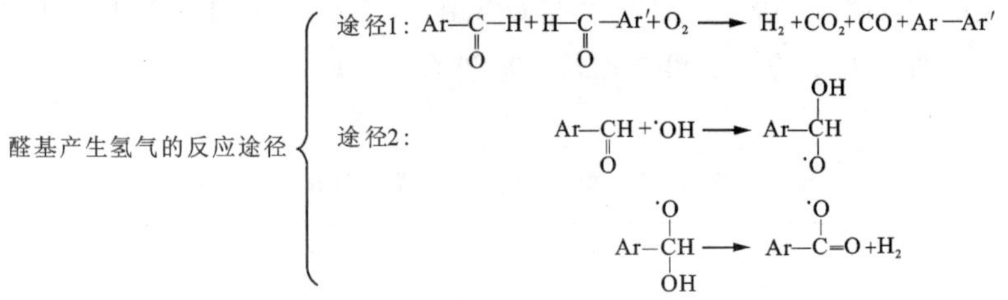

醛基产生氢气的反应途径 $\begin{cases} \text{途径1:} & \text{Ar—}\underset{\underset{O}{\|}}{C}\text{—H + H—}\underset{\underset{O}{\|}}{C}\text{—Ar}' + O_2 \longrightarrow H_2 + CO_2 + CO + Ar\text{—Ar}' \\ \text{途径2:} & \text{Ar—CH + }\cdot OH \longrightarrow \text{Ar—CH—OH} \\ & \quad\ \ \underset{O}{\|} \qquad\qquad\qquad\qquad\ \ \ \underset{\cdot}{O} \\ & \text{Ar—CH} \longrightarrow \text{Ar—C=O} + H_2 \\ & \ \ \ \ \underset{OH}{|} \qquad\quad\ \ \ \underset{\cdot}{O} \end{cases}$

图 4-13 醛基释放氢气的途径（Ar 代表苯环结构）

4.5 本章小结

(1) 煤样在物理吸附（$T<50℃$）和化学吸附（$50℃<T<100℃$）阶段，煤氧反应较为缓慢，此时煤中的 O/C 与 H/C 联合反应，但 O/C 变化占主导地位，释放出相应的 CO、CO_2 等气相产物；在化学反应阶段（$T>100℃$），煤氧反应加剧，H/C 的变化频率超过 O/C。

(2) 在整个煤低温氧化过程中，H 元素的变化幅度逐渐增强，而 O 元素的增加幅度却是不断减小的，则 H 元素转化率对 O 元素转化率的比值（$\Delta H/\Delta O$）是逐渐增加的，在煤温高于 100℃ 后，$\Delta H/\Delta O$ 值会迅速增加，100℃ 是其变化的临界温度。这也说明了 100℃ 以后，煤中 H 元素开始变化且逐渐占据主要位置，从元素转化的角度上印证了氢气的变化规律。

(3) C、H、N 三种元素的迁移活化能均为正值。其中，H 元素的活化能最小，表明煤中 H 元素稳定性差，含 H 官能团容易发生氧化反应；而 N 元素活化能较大，表明 N 元素在煤中以较为稳定的化合物形式存在。煤中 O 元素的迁移活化能为负值，这主要是由于煤中 O 元素的反应涉及中间氧化产物生成与分解的两个相互竞争的反应序列，正是由于含氧中间络合物不断地氧化生成与分解消耗，导致了煤中 O 元素的活化能出现负值。而 S 元素的活化能同样为负值，这是因为煤中含硫化合物的氧化主要为放热反应，降低了反应体系能量值。

(4) 通过模型化合物氧化实验发现，只有醛基明显释放出氢气，而含羟基、脂肪族 C—H 以及羧基的各种其他溶液，在氧化过程中均未明显发现氢气的释放。这表明醛基在空气中的氧化反应可以直接产生氢气，含醛基化合物是氢气释放的前驱体化合物。

(5)煤与醛基溶液混合后,释放的 H_2 和 CO_2 量远大于醛基溶液自身所释放的 H_2 和 CO_2 量,而混合后释放的 CO 量却小于醛基化合物溶液自身所释放的 CO 量。这表明煤样对醛基释放氢气和 CO_2 起促进作用,而对 CO 的释放起抑制作用。

(6)作为氢气生成的前驱体,醛基释放氢气主要有两种途径:第一种途径是醛基中的 C—H 键在煤的催化下,受到氧气攻击而发生断键反应,生成氢自由基,其中的部分氢自由基会相互结合,产生分子氢;第二种途径是醛基与煤中的含羟基化合物发生反应,生成羧酸盐的同时,伴随着氢气的释放。

5 煤氧化过程活性官能团转化及氢气的释放机理

煤的氧化过程在微观中主要表现为煤分子内部的活性官能团发生的一系列氧化和分解反应，伴随着煤质量的变化与热量的产生。目前的研究认为，煤的氧化首先涉及氧分子对特定脂肪族 C—H 组分的攻击，生成相应的过氧化物、过氢化物等中间产物，这些中间产物不稳定，容易发生分解反应，继而引发活性官能团的氧化链式反应[175-178]。低温环境中煤样所释放的氢气同样由相应的官能团在经历氧化分解反应后产生，研究煤氧化过程中主要活性官能团的转化与变化，有助于分析煤的氧化特性，揭示氢气的释放途径及机理。同时，煤氧化过程中氢气释放的宏观特征是煤内部相应官能团微观变化的体现，活性 H 的迁移与转化贯穿于整个煤氧化过程，在分析活性官能团变化规律的基础上，研究煤分子脂肪族 C—H 组分转化与氢气释放的内在关系，可以进一步探讨微观官能团的变化与宏观氢气释放之间的关联特性，这对于掌握活性 H 的反应历程，完善煤氧化机理具有重要意义。

傅里叶红外光谱技术是一种高效的表征微观结构的分析技术，目前已广泛运用于煤氧化方面的研究。相比于普通的压片式红外光谱，原位傅里叶红外光谱不需 KBr 稀释，也不需压片，实现了实时在线检测，可半定量研究各官能团的转化特性，对于煤氧化反应体系及煤分子表面活性基团的研究具有很大优势[179,180]。因此，本部分研究借助于原位傅里叶红外光谱，对不同变质程度煤样的官能团分布特性、各官能团在煤氧化过程中的转化迁移特性进行对比分析，同时基于氧化动力学理论分析脂肪族 C—H 组分的转化特性，并探究微观 C—H 组分的转化与宏观氢气释放之间的关联特性，为煤氧化进程中氢气释放机理的探讨提供依据。

5.1 原煤的主要官能团及分布

5.1.1 原煤的原位傅里叶红外光谱

5种不同变质程度的煤样原位傅里叶红外光谱如图5-1所示,从中可以看出,5种煤样的红外光谱图的形状与走势存在差别,表明不同变质程度煤样内部官能团的种类与分布均有明显差异。通过对比发现,红外光谱的差异主要表现在羟基吸收伸缩振动区域($3700 \sim 3100 cm^{-1}$)、脂肪族吸收伸缩振动区域($3000 \sim 2800 cm^{-1}$)以及芳香族含羰基化合物伸缩振动区域($1800 \sim 1500 cm^{-1}$)[181-183]。这3个区域的官能团均属于煤分子内部的主要活性官能团,在煤氧化过程起着主要作用。同时,羟基和脂肪族组分官能团均含有H原子,而芳香族含羰基化合物包括醛基(—CHO)、羧基(—COOH)等官能团,它们也均含有H原子,因此3个区域的官能团属于煤分子内部的主要含活性H原子的官能团,直接影响着氢气的释放途径。这些微观官能团的不同导致煤种氧化特性的差异,因此本部分主要通过分析活性组分在煤氧化过程中的转化规律来研究煤的氧化行为并探讨氢气的生成机理。

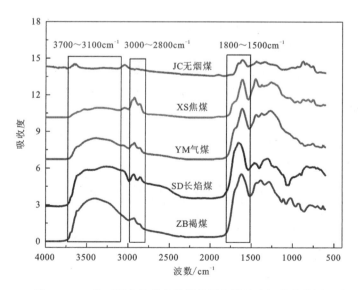

图5-1　5种不同变质程度煤样的原位傅里叶红外光谱图

5.1.2 羟基吸收伸缩振动区域

通过对比分析图 5-1 中的羟基吸收伸缩振动区域(3700～3100cm^{-1})可以发现,ZB 煤作为变质程度最低的煤种,其羟基的振动吸收峰面积最大,SD 煤的羟基的振动吸收峰面积明显小于 ZB 煤,而 XS 煤和 JC 煤的羟基的振动吸收峰面积进一步减小,特别是 JC 煤,在羟基吸收伸缩振动区域几乎没有明显的吸收峰。可以看出,随着煤种变质程度的增加,羟基的振动吸收峰面积逐渐减小。

为了解析羟基吸收区域内部各个振动吸收峰的位置,并定量测定重叠区域内每个振动吸收峰的含量,采用分峰拟合方法分别对 5 个煤样的羟基吸收伸缩振动区域进行分峰处理,如图 5-2 所示。可以看出,3700～3100cm^{-1} 羟基吸收伸缩振动区域主要包含 5 个吸收峰,它们分别是游离态—OH 伸缩振动吸收峰(3645cm^{-1}附近)、OH—π 键伸缩振动吸收峰(3550cm^{-1}附近)、氢键自缔合—OH 伸缩振动吸收峰(3425cm^{-1}附近)、OH—醚键伸缩振动吸收峰(3330cm^{-1}附近),以及酚、醇、羧酸—OH 伸缩振动吸收峰(3230cm^{-1}附近)。在煤氧化环境中,通常游离态—OH、氢键自缔合—OH 和酚、醇、羧酸—OH 三种羟基变化幅度较大[184,185],因此选取这 3 种羟基作为主要研究对象。

图 5-3 显示了 5 种煤样的 3 种羟基吸收峰面积,可以看到随着煤种变质程度的增加,羟基的吸收峰面积明显减小,变质程度最低的 ZB 煤羟基含量最高,变质程度最高的 JC 煤羟基含量最低。煤分子中羟基是一种氧化活性较高的含氧官能团,羟基含量越高,煤样越容易发生氧化还原反应,煤自燃的可能性也越高。同时,从图 5-3 中也可以发现,煤中的氢键自缔合—OH 和酚、醇、羧酸—OH 含量远远高于游离态—OH,说明羟基在原煤中主要以缔结状态存在,而非游离态形式。但 JC 煤表现出不一样的情况,它的游离态—OH 与酚、醇、羧酸—OH 含量相近,这主要是由于 JC 煤化学性质十分稳定,煤分子内部的活性含氧官能团含量普遍较少。

5.1.3 脂肪族 C—H 组分吸收伸缩振动区域

红外光谱中,煤分子中脂肪族 C—H 组分的吸收伸缩振动区间主要在 3000～2800cm^{-1}。采用分峰拟合方法分别对 5 种煤样的脂肪族 C—H 组分吸收伸缩振动区域进行分峰处理,如图 5-4 所示。在 3000～2800cm^{-1} 区间主要有 5 个吸收峰,分别是甲基(—CH$_3$)非对称性伸缩振动吸收峰(2956cm^{-1}附近)、亚甲基

5 煤氧化过程活性官能团转化及氢气的释放机理

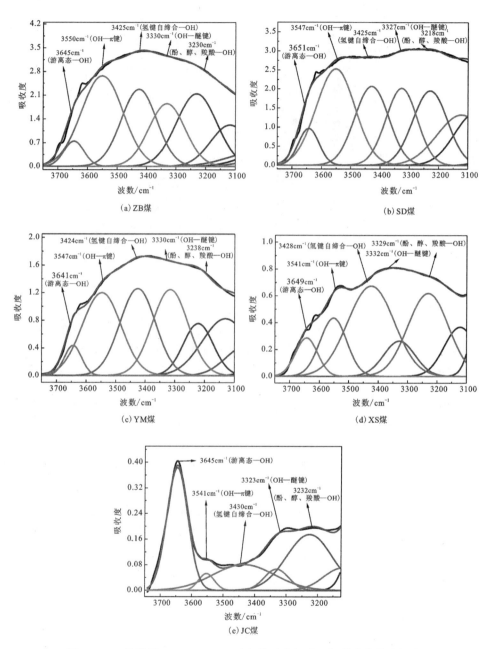

图 5-2 5 种煤样 3700～3100cm^{-1} 红外吸收振动区间谱峰的分峰拟合

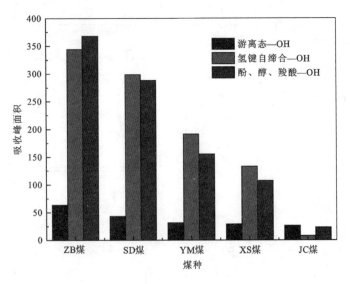

图 5-3　5 种煤样的羟基吸收峰面积

（—CH_2）非对称性伸缩振动吸收峰（2922cm^{-1}附近）、次甲基（—CH）伸缩振动吸收峰（2897cm^{-1}附近）、甲基（—CH_3）对称性伸缩振动吸收峰（2867cm^{-1}附近）和亚甲基（—CH_2）对称性伸缩振动吸收峰（2851cm^{-1}附近）。煤氧化过程中，甲基和亚甲基的非对称伸缩振动吸收强度会高于其对称性伸缩振动吸收强度[186-188]。从图 5-4 也可以看出，非对称伸缩振动的甲基和亚甲基的吸收峰强度与面积均明显高于其对称性伸缩振动的吸收峰强度与面积。

图 5-5 显示了原煤中非对称的甲基、亚甲基以及次甲基的吸收峰面积，从图中可以看到，ZB 煤的脂肪族 C—H 组分含量较低，而 XS 煤的脂肪族 C—H 组分含量较高，整体上随着煤种变质程度的增加，煤分子内部的脂肪族 C—H 组分含量越来越高，JC 煤的脂肪族 C—H 组分含量最少，这与其稳定的氧化活性有关。对比分析煤分子内部 3 种脂肪族 C—H 组分，可以得出一般情况下，次甲基含量＜甲基含量＜亚甲基含量。煤分子中甲基含量越高，说明苯环侧链中短链相对越多，分子结构越稳定；亚甲基含量越高，说明脂肪链越长，越容易被氧分子攻击[189]，因此常用 CH_3/CH_2 表示煤中脂肪链的长度。通过表 5-1 发现，CH_3/CH_2 值随着煤种变质程度的增加而逐渐增加，其中 ZB 煤的比值最低，表明脂肪链长度最长，最容易发生氧化反应；而 JC 煤的比值最高，表明脂肪链长度最短，化学活性最稳定，难以发生氧化反应。

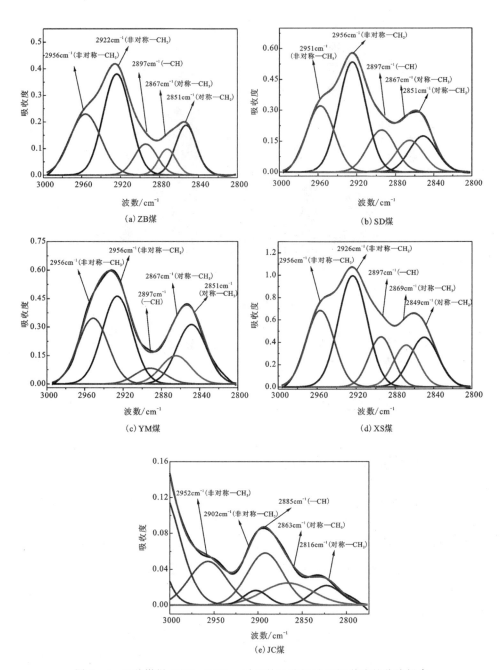

图 5-4 5种煤样 3000~2800cm^{-1} 红外吸收振动区间谱峰的分峰拟合

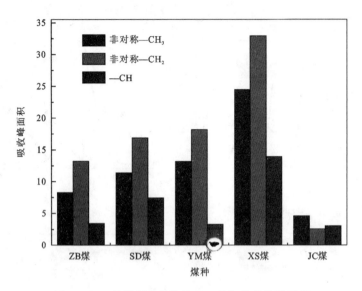

图 5-5 5 种煤样的脂肪族 C—H 组分吸收峰面积

表 5-1 不同煤种的 CH_3/CH_2 值

煤样	ZB 煤	SD 煤	YM 煤	XS 煤	JC 煤
CH_3/CH_2	0.62	0.67	0.73	0.75	1.81

5.1.4 醛基吸收伸缩振动区域

醛基是一种氧化活性很高的官能团,通过之前的研究发现,醛基在煤分子中可以作为氢气释放的前驱体。醛基官能团中含有羰基(C=O),在羰基化合物伸缩振动区间(1800~1500cm^{-1})内部包含醛基,但除了醛基之外,酮基官能团一样含有羰基,而且这两种官能团在红外光谱中交错重叠,较难完全分辨清楚[190]。相比于酮基,醛基除了共有的羰基外,还含有 C—H 键,原位红外光谱中,醛基的 C—H 键特有的伸缩振动区间为 2757~2700cm^{-1}[191],如图 5-6 所示。因此可以通过分析醛基 C—H 组分对煤分子内部的醛基含量进行研究。

从图 5-6 中可以看出,5 种煤样中的醛基 C—H 组分含量明显不同,其中ZB 煤的含量是最低的,甚至需要借助参考线才可找出吸收峰位置。进一步对各个煤样的醛基 C—H 组分的吸收峰面积进行分析,如图 5-7 所示,可以看出,煤

5 煤氧化过程活性官能团转化及氢气的释放机理

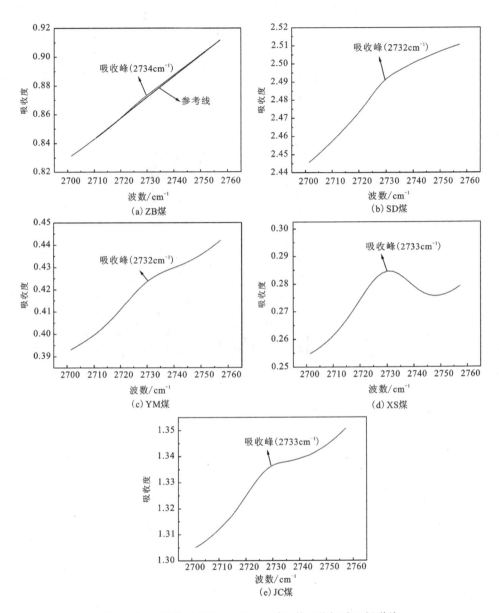

图 5-6　5 种煤样 2757~2700cm^{-1} 红外吸收振动区间谱峰

中的醛基含量并非随着煤种变质程度的增加而单调性变化,而是呈现出先增加—后降低—再增加—再降低的一种近似于波浪特征的变化,XS 煤中醛基吸收峰面积最大,醛基含量最高。值得注意的是,在第 2 章分析煤释放氢气规律的研

81

究中,同样发现了随着煤种变质程度的增加,煤样的氢气释放能力也呈现出一种近似于波浪特征的变化趋势,两者具有相同的规律。醛基官能团作为氢气释放的前驱体,直接影响到煤氧反应中氢气的释放。因此,煤样在氧化过程中,氢气的释放能力与原煤中煤分子内部的醛基官能团含量直接相关,醛基含量高的煤样,氢气释放能力强;反之,氢气释放能力弱。

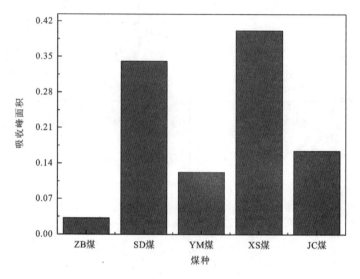

图 5-7　5 种煤样醛基的吸收峰面积

5.1.5　羰基化合物吸收伸缩振动区域

羰基化合物的吸收伸缩振动区域在 $1800\sim1500\,cm^{-1}$ 之间。同样利用分峰拟合方法对 5 种煤样的羰基吸收伸缩振动区域进行分峰解析处理,如图 5-8 所示。$1800\sim1500\,cm^{-1}$ 区域包含 6 种化合物的吸收振动峰,分别为 $1761\,cm^{-1}$ 附近的脂类振动吸收峰、$1735\,cm^{-1}$ 附近的脂肪族 COOH 振动吸收峰、$1705\,cm^{-1}$ 附近的芳香族 COOH 振动吸收峰、$1640\,cm^{-1}$ 附近的高聚合 C=O 振动吸收峰、$1610\,cm^{-1}$ 附近的芳香 C=C 振动吸收峰,以及 $1581\,cm^{-1}$ 附近的芳香羧酸根离子 COO^- 振动吸收峰[192,193]。

对比分析图 5-8 可以发现,相比于脂肪族 COOH,煤中主要含有的是大分子的芳香族 COOH。高聚合 C=O 包含了酮基、醌基、醛基等多种含羰基化合物,其中含 H 的官能团主要为醛基官能团,已在 5.1.3 节进行了分析。基于此,

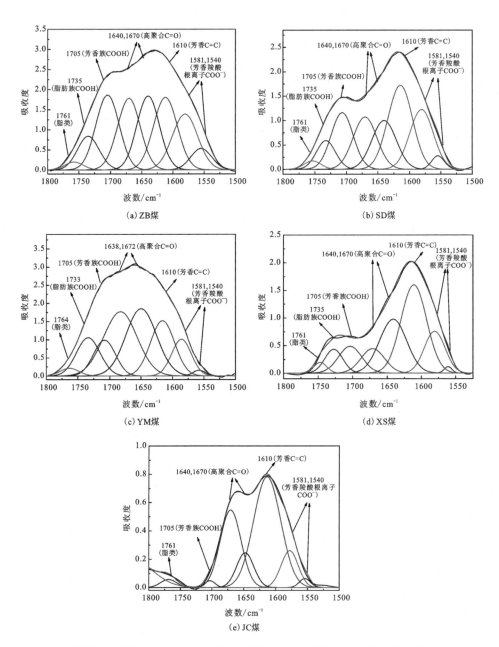

图 5-8 5种煤样1800～1500cm^{-1}红外吸收振动区间谱峰的分峰拟合

羰基吸收伸缩振动区域的总体吸收峰面积以及主要化合物的吸收峰面积如表5-2所示。可以看到,煤中的芳香羧酸、酸根离子等官能团含量较高,而芳香脂类含量较低。且煤中C=O含量与煤样的变质程度总体上呈现负相关关系,即随着煤变质程度的增加,煤中的C=O总体含量逐渐降低,其中,ZB煤的C=O含量为474.32,而JC煤的C=O含量仅为85.21,ZB煤的C=O含量是JC煤的5倍多。而内部各种主要含羰基化合物含量同样是ZB煤远远高于JC煤。此外,煤中的C=C结构较为稳定,煤中的C=C比例越高,煤的氧化活性越稳定,对比分析5种煤的C=C/C=O值可以发现,ZB煤C=C/C=O值最低,JC煤最高,且整体上随着煤阶的增加,比值逐渐增加,表明随着煤种变质程度的增加,煤样越不容易发生氧化反应。

表5-2 5种煤样主要含羰基化合物吸收峰面积

煤种	芳香羧酸	酸根离子	芳香C=C	芳香脂类	C=O	C=C/C=O
ZB煤	85.22	70.93	86.51	7.22	474.32	0.18
SD煤	51.02	58.04	84.02	5.77	327.24	0.25
YM煤	42.54	40.91	77.08	4.52	249.81	0.31
XS煤	20.93	28.75	75.54	3.67	212.98	0.35
JC煤	3.96	8.74	41.59	1.79	85.21	0.48

5.2 升温过程中煤中官能团的变迁

在升温过程中,煤分子内部的官能团随着温度的上升会发生一系列的氧化和分解反应。对于不同变质程度的煤样,煤分子内部各种官能团的含量所占比例有所不同,且各种官能团发生氧化反应的途径与表观活化能都有很大的差别,势必造成不同变质程度煤样表现出不同的氧化特性,从而使得煤样整体氧化进程存在较大差别。

5.2.1 羟基化合物转化规律

煤氧化过程中,游离态—OH、氢键自缔合—OH 和酚、醇、羧酸—OH 三种羟基变化幅度较大,通过分析这3种羟基化合物的吸收峰面积变化规律来进一步研究羟基官能团的转化规律。在程序升温过程中,原位池内煤样的红外信号强度会随着温度的升高而出现波动,而低温环境中煤分子内部的芳香C＝C含量基本不会发生变化,因此利用芳香C＝C吸收峰面积作为定量标准,对各个官能团化合物的吸收峰面积进行规范化。同时,为了对比研究不同煤样之间官能团组分随温度的变化规律,需要对规范化后的吸收峰面积再次进行标准化,即将规范化后的每个温度下官能团的吸收峰面积除以初始温度下官能团的吸收峰面积。

3种羟基化合物标准化吸收峰面积变化规律如图5-9所示。从图中可以看到,煤中游离态羟基含量随着煤温的升高而降低,尤其是煤温在120℃之前,游离态羟基含量明显降低。对比不同煤样发现,低变质的ZB煤、SD煤降低速率较快,煤温在200℃时,两种煤内部的游离态羟基含量只有初始的20%左右。而变质程度较高的YM煤、XS煤降低速率较慢,特别是JC煤,其内部的游离态羟基含量最少,降低幅度也最小,表现出很强的化学稳定性。氢键自缔合羟基的变化规律与游离态羟基相似,随着煤温的升高,均呈现出降低的趋势。这是由于在升温过程中,煤分子内部发生水分蒸发和脱附过程,氢键自缔合羟基和游离态羟基随着水分的散失而逐渐消失,且低变质的煤氧化活性高,水分含量通常也较高,造成其内部这两种羟基含量下降幅度更大。

图5-9(c)显示,酚、醇、羧酸—OH的变化规律并不同于另外两种羟基,尽管ZB煤的酚、醇、羧酸—OH含量仍然随着煤温的升高而逐渐降低,但其他4种煤的酚、醇、羧酸—OH含量在经历初期的降低后,在煤温120℃之后,呈现逐渐上升的趋势。原煤中自身含有一定的酚、醇、羧酸—OH,在煤氧反应过程中酚、醇、羧酸—OH一方面会发生氧化反应或者分解反应,造成其含量的降低;另一方面脂肪族C—H组分也会与氧分子结合,逐渐产生酚、醇、羧酸—OH,增加其含量,因此煤中酚、醇、羧酸—OH含量是两个反应序列竞争的结果。在煤氧反应初期,氧化进程缓慢,酚、醇、羧酸—OH含量因为逐渐消耗而降低,这说明了酚、醇、羧酸—OH是非常活泼的基团,在反应起始阶段就已经开始参与氧化反应。而煤温在120℃以后,煤氧反应进程加快,脂肪族C—H组分氧化反应加剧,酚、醇、羧酸—OH含量出现增加的趋势。ZB煤的酚、醇、羧酸—OH变化趋势表明了氧化反应过程中酚、醇、羧酸—OH生成速率远不及消耗速率,ZB煤在煤氧反应中会释放大量的氧化产物,从而造成酚、醇、羧酸—OH含量总体上始终处于降低的趋势,这也证明了低变质的ZB煤更容易发生自燃。

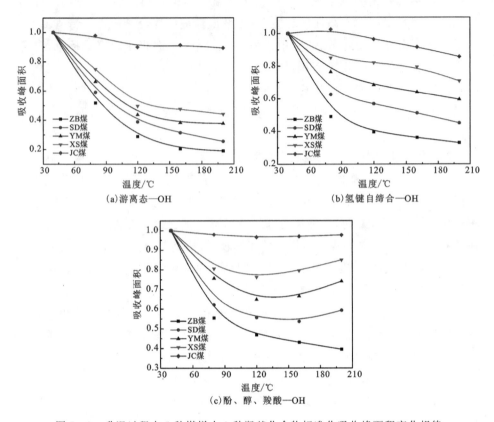

图 5-9 升温过程中 5 种煤样中 3 种羟基化合物标准化吸收峰面积变化规律

5.2.2 脂肪族 C—H 组分转化规律

脂肪族 C—H 组分的甲基(—CH_3)、亚甲基(—CH_2)和次甲基(—CH)的吸收峰面积随煤温的变化趋势如图 5-10 所示。从图 5-10 中可以看到,随着煤温的上升,煤中 3 种脂肪族 C—H 组分的含量均呈现逐渐降低的趋势,这表明在煤氧化阶段中,脂肪族 C—H 组分整体上处于不断消耗的过程,这与 Ibarra 和 Miranda[194]研究结果一致。煤氧反应初期,氧分子首先攻击煤中的脂肪族 C—H 组分,生成过氧化物或过氢化物等中间产物,引发一系列氧化链式反应。对比分析不同煤样 C—H 组分的变化趋势可以发现,低变质的 ZB 煤中 3 种 C—H 组分的降低速度最快,而 JC 煤中 3 种 C—H 组分降低速度最慢,整体上随着煤阶的增加,脂肪族 C—H 组分的消耗速率逐渐降低。尽管随着煤种变质程度的增加,煤分子内部的脂肪族C—H组分含量越来越高,但低阶煤的脂肪链长度较长,化学性质更为活泼,容易发生氧化反应,因此低变质煤种的脂肪族C—H组分在氧化反应中消耗得更快,煤氧复合反应更加剧烈,也更容易发生自燃。

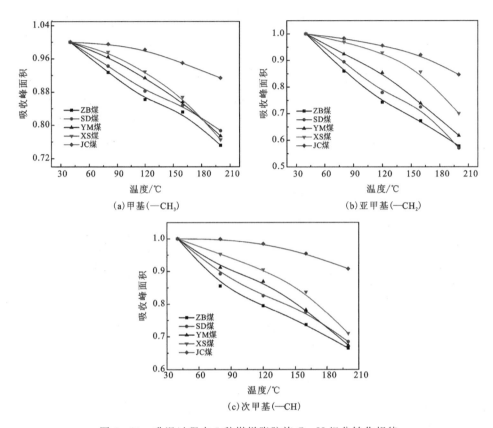

图5-10 升温过程中5种煤样脂肪族C—H组分转化规律

此外,图5-10显示较高变质程度的煤样,如XS煤、JC煤中脂肪族C—H组分的转化速率随着煤温的上升一直表现出逐渐增加的趋势;而低变质的ZB煤中脂肪族C—H组分的转化速率却表现出先降低后增加的趋势。这主要是因为不同煤种之间的氧化行为不同,使得内部脂肪族C—H组分的转化途径存在差别。从图5-10中还可以看出,5种煤样的亚甲基含量降低幅度与转化速率明显高于甲基和次甲基,这也说明了煤氧化过程中亚甲基的氧化活性要明显高于其他两种C—H组分。

5.2.3 醛基转化规律

升温过程中 5 种煤样的醛基变化规律如图 5-11 所示,从图中可以看到,随着煤温的上升,煤中的醛基含量表现出先降低后增加的趋势。醛基作为释放氢气的前驱体,化学性质较为活泼。一方面醛基可以与氧分子结合,生成氢气、一氧化碳等多种氧化产物;另一方面,在煤氧复合反应中,煤中一些活性官能团,例如醇羟基、脂肪族 C—H,通过相应的氧化反应也能生成醛基化合物。图 5-11 显示,在煤氧反应初期,反应速率较低,煤中醛基的消耗量大于生成量,其含量不断降低;而煤温达到 120℃以后,煤氧反应进程加快,醛基的生成量逐渐高于消耗量,造成煤中醛基含量迅速增加,这也为加速氧化阶段氢气的大量释放提供了更多的前驱体。

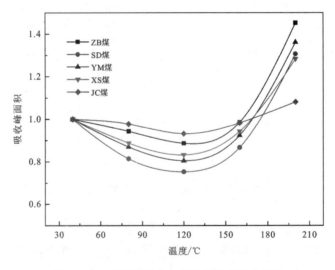

图 5-11 升温过程中 5 种煤样醛基转化规律

对比分析 5 种煤样醛基变化趋势时可以发现,SD 煤醛基的变化趋势,特别是 120℃之前的降低幅度明显高于其他煤种,而 YM 煤、XS 煤醛基降低幅度高于 ZB 煤,醛基的变化规律与煤种变质程度并没表现出单调的变化关系。通过之前的研究发现,相比于 ZB 煤和 YM 煤,SD 煤的氢气释放能力明显较高,也就是说,在相同的反应条件下,SD 煤中会有更多的醛基参与反应释放氢气,使得 SD 煤中醛基含量下降幅度更大。而相比于 XS 煤,尽管 SD 煤的氢气释放能力较弱,但作为低变质煤种,SD 煤的氧化反应速率明显高于高变质的 XS 煤。因此在氧化升温过程中,SD 煤氧化进程更快,使得醛基官能团消耗速率更快,从而导致 SD 煤中醛基含量下降幅度同样更大。

5.2.4 羰基转化规律

羰基化合物属于主要含氧官能团,其吸收伸缩振动区域主要位于 1800～1500 cm^{-1} 区域,通过分峰拟合可知,该区域主要有 6 种含羰基化合物吸收振动峰,经过对比分析选取其中芳香羧酸、芳香酸根离子以及芳香酯 3 种化合物为研究对象,通过分析它们在煤样升温过程中的变化规律,进一步探究羰基官能团的转化迁移特征。对 3 种含羰基化合物的红外吸收峰面积同样进行规范化和标准化处理,标准化后的吸收峰面积随煤温的变化趋势如图 5-12 所示。煤中芳香酯在升温过程中表现出相似的规律,即随着煤温的上升含量逐渐增加。在煤温 80℃之前,煤中芳香酯含量较低且增加缓慢;而当煤温高于 80℃后,芳香酯含量以近指数形式快速增加,同时,其增加幅度表现出密切的煤种相关性,也就是说,低阶的 ZB 煤增加幅度最大,而高阶的 JC 煤增加幅度最小,增加幅度整体上随着煤阶的增加而减小。羧酸根离子的变化规律与芳香酯相近,也是随着煤温的上升含量逐渐增加。不同的是,在煤升温氧化过程中,羧酸根离子的含量以近线性的方式增加。而且,不同煤样之间羧酸根离子的增加幅度也不一样,ZB 煤的增加幅度高于 YM 煤和 JC 煤,但小于 SD 煤和 XS 煤,也就是说,羧酸根离子的增加幅度并未表现出煤种相关性。这主要是由于煤中的羧酸根离子除了与羧酸有关外,还涉及煤中的矿物质与酸类的离子交换过程。通常,煤中的碱金属和碱土金属易与煤中酸类物质发生离子交换,因此煤中碱金属和碱土金属的含量是影响煤中—COO^-含量的一个重要因素。

羧酸作为一种含羰基化合物,在煤氧反应过程中起着显著的作用,羧酸化合物是重要的过渡产物。一方面煤分子内部的脂肪族 C—H 组分经过一系列的氧化反应不断生成羧酸化合物,其他含氧官能团,例如羟基、醛基,也会进一步氧化产生羧酸官能团;另一方面,羧酸化合物热稳定性不高,受热容易分解,直接释放出 CO、CO_2 等主要气相产物。图 5-12(c)显示,在煤氧反应初期,煤中的羧酸含量由于逐渐消耗而处于含量降低的阶段,特别是 YM 煤和 XS 煤,在煤温 120℃之前,羧酸含量存在明显的下降趋势,这也表明羧酸化合物氧化活性高,在低温过程中就已经参与到煤氧反应中,因释放气相产物而不断被消耗;当煤样进入快速氧化阶段,煤氧反应加剧,羧酸化合物的生成量也迅速增加,使得煤中羧酸含量均以近指数形式增长。

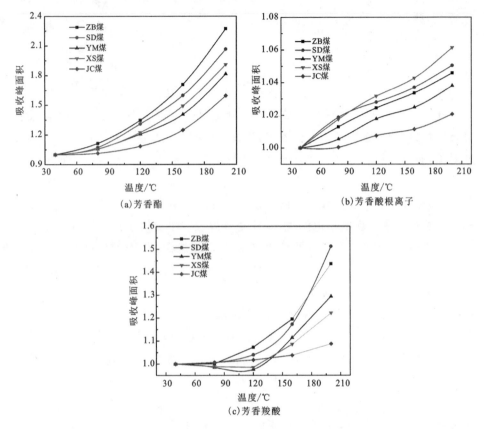

图 5-12 升温过程中 5 种煤样羰基转化规律

5.2.5 煤氧化过程中氢气释放途径

煤种不同,煤分子内部官能团的种类与含量均有所不同,不同变质程度的煤种会表现出不同的氧化特性,造成煤内部各种主要活性官能团的转化规律存在较大差异。通过对比不同煤样之间活性官能团的变化趋势,分析同一官能团相同或者相似的迁移特征,可以进一步探究煤分子内部官能团的生成与转化途径。

煤氧复合反应包含了许多平行反应序列,宏观上气相产物的产生总是伴随着微观官能团的转化与迁移。氢气作为一种氧化气相产物,其释放过程自然也是各种活性官能团氧化反应的结果。基于煤氧反应中活性官能团的转化规律可知,当煤样与空气接触时,氧分子会首先攻击煤分子内部的脂肪族 C—H 组分,经过化学吸附、化学反应等一系列过程,脂肪族 C—H 组分由于氧化而不断被消耗,产生过氧化物或过氢化物等中间产物。这些中间产物并不稳定,随着煤温的上升,很容易转化为多种含氧官能团,如羟基、酮基、羧基以及氢气释放的前驱体醛基,造成含氧官能团含量的逐渐增加,此外煤中的部分羟基也容易被氧化,直接生成醛基。根据 4.4.2 节的实验结果可知,作为氢气生成的前驱体,醛基主要通过两种途径释放氢气:第一种途径是醛基中的 C—H 键在煤的催化下,受到氧气攻击而发生断键反应,氢自由基相互结合生成氢气;第二种途径是醛基与煤中的含羟基化合物发生反应,分解释放出氢气。因此,基于以上分析,煤氧化过程中氢气释放途径可以通过基团反应流程进行描述,如图 5-13 所示。

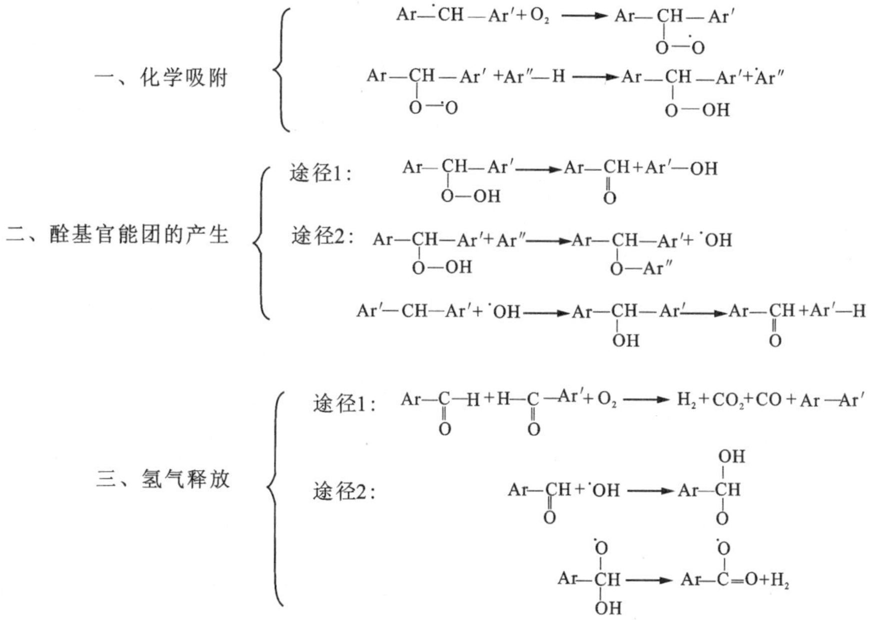

一、化学吸附
$$Ar—CH—Ar' + O_2 \longrightarrow Ar—CH—Ar'$$
$$\qquad\qquad\qquad\qquad\qquad\qquad O—O·$$
$$Ar—CH—Ar' + Ar''—H \longrightarrow Ar—CH—Ar' + Ar''·$$
$$\quad O—O·\qquad\qquad\qquad\qquad O—OH$$

二、醛基官能团的产生
途径1:$Ar—CH—Ar' \longrightarrow Ar—CH + Ar'—OH$
$\qquad\quad O—OH \qquad\qquad\quad O$

途径2:$Ar—CH—Ar' + Ar''· \longrightarrow Ar—CH—Ar' + ·OH$
$\qquad\quad O—OH \qquad\qquad\qquad\qquad\quad O—Ar''$

$Ar'—CH—Ar' + ·OH \longrightarrow Ar'—CH—Ar' \longrightarrow Ar—CH + Ar'—H$
$\qquad\qquad\qquad\qquad\qquad\qquad OH \qquad\qquad\qquad O$

三、氢气释放
途径1:$Ar—C—H + H—C—Ar' + O_2 \longrightarrow H_2 + CO_2 + CO + Ar—Ar'$
$\qquad\qquad\quad O \qquad\quad O$

途径2:$Ar—CH + ·OH \longrightarrow Ar—CH$
$\qquad\qquad\ O \qquad\qquad\qquad\quad O \atop OH$

$\qquad\qquad Ar—CH \longrightarrow Ar—C=O + H_2$
$\qquad\qquad\quad\ O \atop OH$

图 5-13 煤氧化过程中氢气释放途径
(Ar 代表芳香族结构,例如苯环)

5.3 恒温氧化过程中脂肪族 C—H 的变迁

在升温过程中,煤中脂肪族 C—H 组分由于氧化反应而不断被消耗,生成特定中间产物的同时引发一系列的煤氧链式反应。脂肪族 C—H 的含量变化对于煤氧复合反应的可持续进行产生重要的影响。为了进一步研究煤氧化过程中脂肪族 C—H 组分含量的转化规律,利用原位红外光谱仪对煤在恒温条件下、不同时间内的氧化过程进行研究。以煤温 100℃ 为例,5 种煤的红外光谱图如图 5-14 所示。可以看出,包括脂肪族 C—H 组分等在内的多种主要官能团随着氧化时间的增加而不断变化,因此,在同一温度下,氧化时间的差异对煤分子内部官能团的含量也会产生明显的影响。

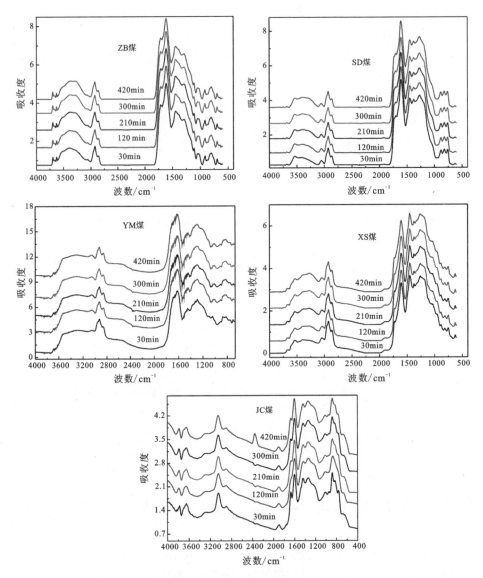

图 5-14　100℃ 时煤样在不同氧化时间的红外光谱图

5.3.1 恒温氧化过程中脂肪族 C—H 含量变化规律

由红外光谱分峰拟合结果可知,煤中脂肪族 C—H 组分的代表物质主要包括 3 种,即非对称振动的甲基(—CH_3)、非对称振动的亚甲基(—CH_2)和次甲基(—CH)。不同氧化温度下 3 种脂肪族 C—H 组分吸收峰相对强度随氧化时间的变化规律如图 5-15 所示。

从图 5-15 中可以明显看出,3 种脂肪族 C—H 含量均随着氧化时间的增加而呈现出不断降低的趋势,但降低幅度是逐渐放缓的。对比分析不同煤温条件下脂肪族 C—H 含量可以发现,随着煤温的上升,各个煤样的脂肪族 C—H 含量也是逐渐降低的,这与程序升温过程中的研究结果一致。在煤氧化阶段,脂肪族 C—H 组分与氧气发生氧化反应,生成各种含氧官能团,其含量也由于氧化反应而持续消耗。值得注意的是,煤样变质程度不同,脂肪族 C—H 组分含量降低幅度不同,而且 3 种脂肪族 C—H 组分的转化规律也存在差别,这也表明煤阶同样会影响煤分子内部脂肪族 C—H 组分的转化特性。但总体上氧化反应时间越长,脂肪族 C—H 组分含量消耗越多,氧化反应温度越高,煤氧反应越强烈,C—H 组分含量的降低幅度也越大。因此,煤中脂肪族 C—H 组分的氧化反应仍然符合氧化动力学理论,可以进一步计算 3 种脂肪族 C—H 组分的转化速率、活化能等动力学参数。

5.3.2 恒温氧化过程中脂肪族 C—H 组分转化动力学特性

脂肪族 C—H 组分在煤低温氧化过程中起着重要作用,3 种组分的氧化反应动力学参数可以反映其氧化行为,同时也可以为煤种自燃倾向性等级划分提供理论依据。因此,基于动力学理论,煤氧化过程中脂肪族 C—H 基团的反应速率可以表示为反应物浓度的函数,如式(5-1)所示:

$$-\frac{dC}{dt} = KC^n \quad (5-1)$$

$$-\frac{dC}{C^n} = K dt \quad (5-2)$$

式(5-2)两边取积分,可得

$$\int_{C_0}^{C} C^{-n} dC = K \int_{0}^{t} dt \quad (5-3)$$

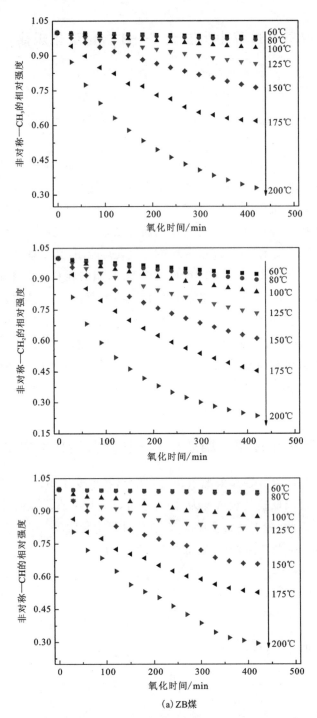

(a) ZB煤

图 5-15 不同氧化温度下 3 种脂肪族 C—H 组分随氧化时间的变化规律

5 煤氧化过程活性官能团转化及氢气的释放机理

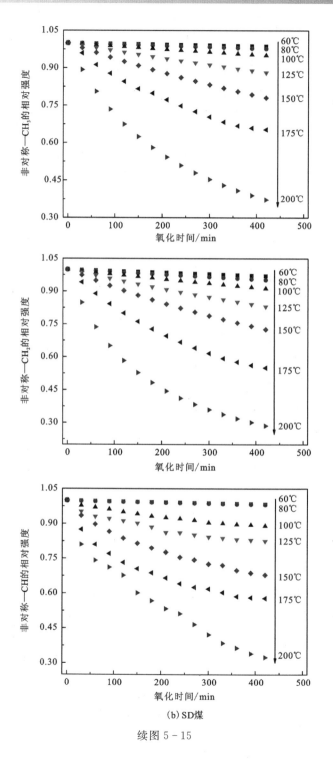

(b) SD煤

续图 5-15

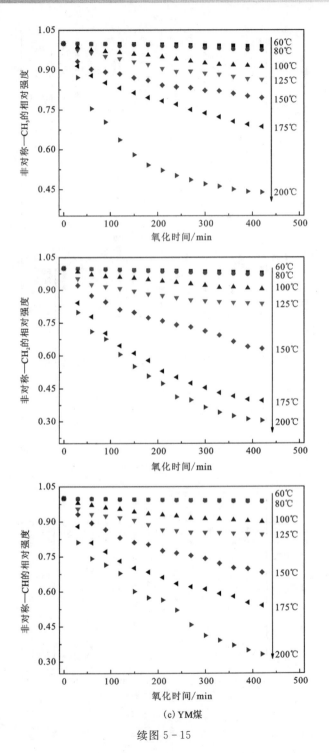

(c) YM煤

续图 5-15

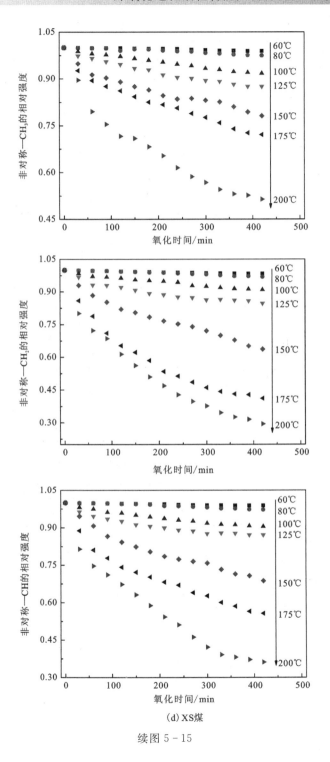

(d) XS煤

续图 5-15

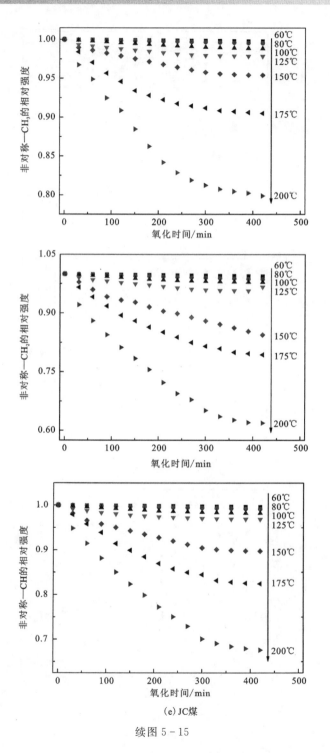

(e)JC煤

续图 5-15

式中：C_0 为原煤中脂肪族 C—H 组分的含量；C 为在一定氧化时间 t 时脂肪族 C—H 组分的含量；n 为反应级数。煤氧反应的机理不同，反应级数 n 的值也不一样。根据不同的反应级数 n，式(5-3)可以转化为以下两种形式：

$$\ln(C/C_0) = -Kt \quad (n=1) \tag{5-4}$$

$$C_0/C = C_0 Kt + 1 \quad (n=2) \tag{5-5}$$

当 $\ln(C/C_0)$ 值与氧化时间 t 呈线性关系变化时，表明脂肪族 C—H 组分的氧化反应符合一级反应序列；当 C_0/C 值与氧化时间 t 呈线性关系变化时，表明脂肪族 C—H 组分的氧化反应符合二级反应序列。因此，在计算脂肪族 C—H 组分转化速率之前，需要先确定脂肪族 C—H 组分的氧化反应级数，以煤温 175℃ 时的 SD 煤与 XS 煤为例，分别研究 $\ln(C/C_0)$ 和 C_0/C 与反应时间 t 的函数关系，如图 5-16 所示。

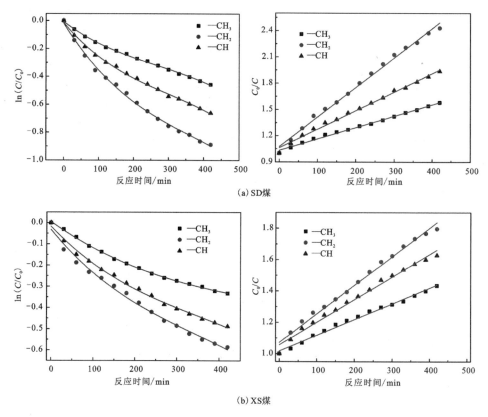

图 5-16　煤样的 $\ln(C/C_0)$ 和 C_0/C 与反应时间 t 的函数关系

由图 5-16 可以看出,煤样 3 种脂肪族 C—H 组分的 $\ln(C/C_0)$ 值与氧化时间 t 呈近指数形式变化,而非呈线性关系变化,但煤样 3 种脂肪族 C—H 组分的 C_0/C 值与氧化时间 t 呈现良好的线性关系变化。因此,在低温环境中煤样脂肪族 C—H 组分的氧化反应符合二级反应模型,根据式(5-5)可以进一步计算出各种煤样在不同氧化温度条件下的反应速率常数,结果如表 5-3~表 5-5 所示。

表 5-3 ZB 煤和 SD 煤脂肪族 C—H 组分的反应速率常数

反应温度/℃	ZB 煤 反应速率常数			SD 煤 反应速率常数		
	—CH$_2$	—CH	—CH$_3$	—CH$_2$	—CH	—CH$_3$
60	3.83×10^{-4}	1.41×10^{-4}	7.10×10^{-5}	1.55×10^{-4}	6.24×10^{-5}	4.60×10^{-5}
80	4.40×10^{-4}	1.84×10^{-4}	1.21×10^{-4}	2.46×10^{-4}	1.23×10^{-4}	7.80×10^{-5}
100	8.93×10^{-4}	4.29×10^{-4}	2.78×10^{-4}	4.85×10^{-4}	2.54×10^{-4}	1.76×10^{-4}
125	3.55×10^{-3}	2.01×10^{-3}	1.18×10^{-3}	2.08×10^{-3}	1.15×10^{-3}	7.97×10^{-4}
150	1.02×10^{-2}	6.38×10^{-3}	3.60×10^{-3}	5.49×10^{-3}	3.27×10^{-3}	2.20×10^{-3}
175	2.64×10^{-2}	1.79×10^{-2}	9.77×10^{-3}	1.31×10^{-2}	8.89×10^{-3}	5.50×10^{-3}
200	5.69×10^{-2}	4.21×10^{-2}	2.28×10^{-2}	2.38×10^{-2}	1.97×10^{-2}	1.19×10^{-2}

表 5-4 YM 煤和 XS 煤脂肪族 C—H 组分的反应速率常数

反应温度/℃	YM 煤 反应速率常数			XS 煤 反应速率常数		
	—CH$_2$	—CH	—CH$_3$	—CH$_2$	—CH	—CH$_3$
60	7.11×10^{-5}	3.77×10^{-5}	3.48×10^{-5}	5.90×10^{-5}	3.10×10^{-5}	2.00×10^{-5}
80	1.55×10^{-4}	7.84×10^{-5}	7.57×10^{-5}	1.35×10^{-4}	7.30×10^{-5}	4.90×10^{-5}
100	2.99×10^{-4}	1.64×10^{-4}	1.51×10^{-4}	2.55×10^{-4}	1.65×10^{-4}	1.10×10^{-4}
125	1.07×10^{-3}	6.38×10^{-4}	5.16×10^{-4}	8.15×10^{-4}	5.82×10^{-4}	3.70×10^{-4}
150	3.14×10^{-3}	1.84×10^{-3}	1.44×10^{-3}	2.89×10^{-3}	2.24×10^{-3}	1.20×10^{-3}
175	1.04×10^{-2}	6.64×10^{-3}	4.77×10^{-3}	7.24×10^{-3}	5.87×10^{-3}	3.58×10^{-3}
200	2.21×10^{-2}	1.58×10^{-2}	1.17×10^{-2}	1.54×10^{-2}	1.34×10^{-2}	9.51×10^{-3}

表 5-5　JC 煤脂肪族 C—H 组分的反应速率常数

反应温度/℃	JC 煤 反应速率常数		
	—CH_2	—CH	—CH_3
60	4.07×10^{-6}	2.44×10^{-6}	1.84×10^{-6}
80	9.41×10^{-6}	7.45×10^{-6}	4.88×10^{-6}
100	1.75×10^{-5}	1.57×10^{-5}	9.40×10^{-6}
125	6.76×10^{-5}	5.81×10^{-5}	4.59×10^{-5}
150	1.44×10^{-4}	1.41×10^{-4}	9.14×10^{-5}
175	6.27×10^{-4}	5.87×10^{-4}	4.18×10^{-4}
200	1.74×10^{-3}	1.61×10^{-3}	1.14×10^{-3}

从表 5-3 到表 5-5 可知,煤中脂肪族 C—H 组分的反应速率均随着煤温的升高而增加。以 YM 煤为例,在 60℃ 煤温时,脂肪族 C—H 组分反应速率常数的数量级为 10^{-5};而当煤温升至 200℃ 时,其反应速率常数的数量级为 10^{-2},增加了 3 个数量级。脂肪族 C—H 组分反应速率随煤温的快速增加,表明了 3 种C—H 组分都在氧化反应过程中发挥了积极的作用。当进一步对比分析 3 种组分反应速率的变化规律时,可以发现每种 C—H 官能团的转化特征存在明显不同。在煤氧反应的初始阶段(60℃),亚甲基的反应速率常数明显高于甲基与次甲基的反应速率常数,甚至几乎是两者反应速率常数的总和。在整个煤氧化阶段,3 种脂肪族 C—H 组分的反应速率大小符合—CH_2>—CH>—CH_3,亚甲基反应速率最大,次甲基的反应速率次之,甲基的反应速率最小,表明亚甲基的氧化反应在煤氧反应进程中占据主导地位,亚甲基也是最容易与氧分子发生反应的官能团。同时—CH 反应速率高于—CH_3,从官能团的分子结构特征角度分析,—CH 键可以与更多不同的原子或官能团连接,官能团之间的相互作用会对氢原子的活性产生影响,从而可能促进—CH 与氧分子的反应;而甲基官能团的分子结构较为稳定,氧化活性较低,导致甲基的反应速率最小。此外,煤种的变质程度对脂肪族 C—H 的转化速率也有影响,作为低变质煤种的 ZB 煤和 SD 煤,其 3 种脂肪族 C—H 反应速率均明显高于高变质煤种的 XS 煤和 JC 煤,也进一步表明低阶煤种更容易发生氧化反应,自燃倾向性更高。

根据 Arrhenius 方程,可以得出 3 种脂肪族 C—H 的反应速率常数与煤温的关系。因此,通过 ln$K$ 对 $1/T$ 作图,根据斜率值的大小可以求得脂肪族 C—H

氧化反应的表观活化能。

利用脂肪族C—H组分的反应速率常数值,对$\ln K$与$1/T$的关系作图,如图5-17所示。可以看到,3种脂肪族C—H组分的$\ln K$与$1/T$的关系存在明显的阶段性,需要用两条线段而非一条线段进行描述。这表明,煤氧化过程中,脂肪族C—H组分氧化反应可以分为两个不同的阶段,100℃是两个阶段的临界温度点,60~100℃是第一个氧化反应阶段,100~200℃是第二个氧化反应阶段,这与煤氧化释放氢气的规律特征是一致的。两个不同的阶段同时表明,脂肪族C—H组分的氧化反应表观活化能是变化的,而不能用一个活化能对脂肪族C—H组分的反应与转化进行描述。图5-17也显示了煤种不同,$\ln K$与$1/T$的关系值也存在差别,特别是JC煤,其$\ln K$值明显最小,也对应着高阶煤的脂肪族C—H组分反应速率很小,氧化活性低。

基于Arrhenius方程计算3种脂肪族C—H组分氧化反应的表观活化能,如图5-18所示。可以看出,第一阶段($T<100℃$)脂肪族C—H组分的氧化反应表观活化能均小于第二阶段($T>100℃$),例如第一阶段中,YM煤的亚甲基、次甲基、甲基的表观活化能分别为34.11kJ/mol、37.91kJ/mol、37.89kJ/mol;而在第二阶段中,YM煤的亚甲基、次甲基、甲基的表观活化能分别为62.96kJ/mol、65.41kJ/mol、64.08kJ/mol,说明随着煤温的上升,脂肪族C—H组分氧化反应的进行需要更多的能量。同时,由图5-18可以看出,亚甲基的氧化反应表观活化能最低,明显低于另外两种脂肪族C—H组分,这也表明了煤中亚甲基氧化活性最高,最容易发生氧化反应。此外,脂肪族C—H组分氧化反应的表观活化能也表现出了与煤种的密切相关性,低阶的ZB煤和SD煤的脂肪族C—H组分表观活化能均低于高阶的XS煤和JC煤,表明煤阶越高,脂肪族C—H组分氧化活性越低,越难以发生氧化反应。不过值得注意的是,在第一阶段中,煤种对活化能值影响较大,各个煤样之间的脂肪族C—H组分活化能差别也较大;而在第二阶段中,煤种对活化能影响较小,各个煤样之间的脂肪族C—H组分活化能差别也较小。例如,在第一阶段中,JC煤的-CH表观活化能比ZB煤和SD煤分别高了13.01kJ/mol和12.07kJ/mol,而在第二阶段,分别高了7.94kJ/mol和5.34kJ/mol。这表明了煤种特性对脂肪族C—H组分氧化活性的影响主要体现在第一阶段,也就是煤温在100℃之前的煤氧反应初始阶段,因此在评价不同煤种氧化特性时,应该以第一阶段的动力学参数值作为主要的理论依据。

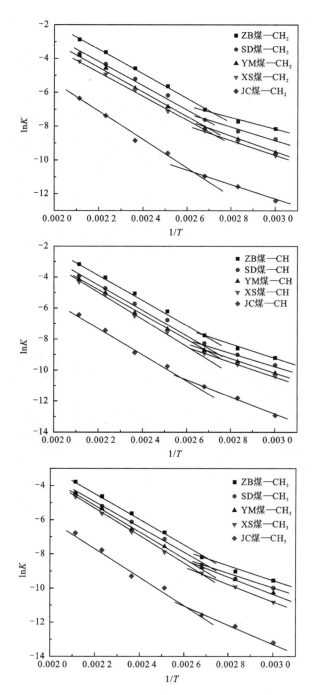

图 5-17　煤样 3 种脂肪族 C—H 组分的 $\ln K$ 与 $1/T$ 关系

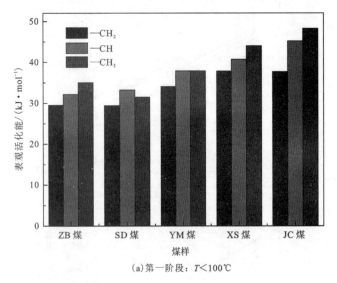

(a) 第一阶段：$T<100℃$

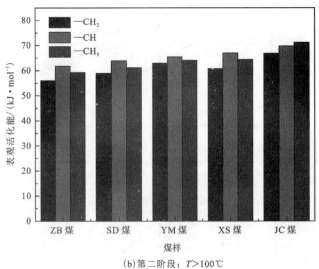

(b) 第二阶段：$T>100℃$

图 5-18 3 种脂肪族 C—H 组分氧化反应的表观活化能

5.3.3 脂肪族 C—H 组分的转化与氢气释放的相关性研究

煤氧化过程中，氢气的释放主要涉及氢自由基的生成与结合，是煤中某些特定氢自由基迁移与转化的最终形式。而在煤氧复合反应阶段，煤中脂肪族 C—H

组分,包括甲基、亚甲基以及次甲基,均会首先受到氧分子攻击,通过氧化反应生成过氧化物、过氢化物等中间化合物,从而引发一系列氧化链式反应,脂肪族C—H组分中的活性氢是氢自由基迁移与转化的最初形式。并且,随着煤温的增加,脂肪族C—H组分与氢气的释放具有相似的规律,均存在两个反应阶段,因此在煤氧化过程中,脂肪族C—H组分转化与氢气释放之间应该存在一定的内在联系。利用煤中脂肪族C—H组分反应速率常数,结合煤氧化氢气释放速率,在氧化动力学理论的基础上,进一步分析两者的相关特性。

图5-19分别为YM煤与JC煤的氢气释放速率常数(K_1)对脂肪族C—H组分反应速率常数(K_2)的比值随煤温的变化曲线。从图中可以看出,随着煤温的增加,K_1/K_2值以近对数函数关系逐渐衰减。为此,对不同煤样的K_1/K_2值分别取对数,再次分析$\ln(K_1/K_2)$值随煤温的变化趋势,如图5-20所示。

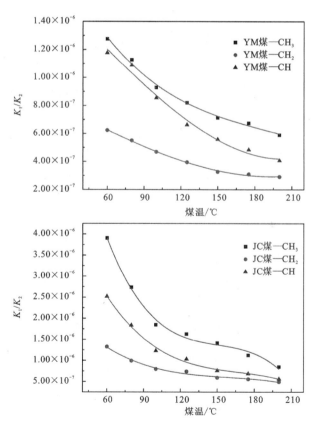

图5-19 YM煤和JC煤的K_1/K_2比值随煤温的变化规律

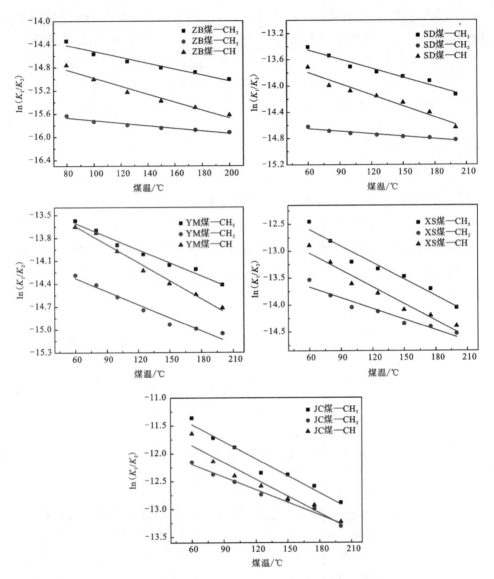

图 5-20 5 种煤样的 $\ln(K_1/K_2)$ 值随煤温的变化规律

图 5-20 显示,随着煤温上升,5 种煤样的 $\ln(K_1/K_2)$ 值总体上呈线性函数形式变化,因此氢气释放速率常数(K_1)对脂肪族 C—H 组分反应速率常数(K_2)的比值与煤温的关系可以用式(5-6)描述:

$$\ln(K_1/K_2)=aT+b \tag{5-6}$$

式中：K_1 为氢气释放速率常数；K_2 为脂肪族 C—H 反应速率常数；T 为煤温；a、b 均为常数。

从图 5-20 中可以看到，$\ln(K_1/K_2)$ 值对煤温 T 的直线斜率为负值，这表明煤氧化过程中氢气的释放伴随着脂肪族 C—H 组分的消耗，脂肪族 C—H 组分反应速率越快，脂肪族 C—H 组分含量降低幅度越大，而氢气的释放速率同时也越快。此外，对比 3 种脂肪族 C—H 组分的 $\ln(K_1/K_2)$ 值对煤温 T 的直线斜率也可以发现，次甲基 $\ln(K_1/K_{-CH})$ 的斜率值明显高于甲基 $\ln(K_1/K_{-CH_3})$ 和亚甲基 $\ln(K_1/K_{-CH_2})$ 的斜率值，说明在煤氧化释放氢气的过程中，次甲基的贡献会高于甲基与亚甲基。这可能主要涉及各种脂肪族 C—H 组分中氢自由基不同的迁移与转化过程。尽管亚甲基官能团在脂肪族 C—H 组分中表现出最高的反应速率，但亚甲基在氧化过程中更容易被氧化成 H_2O、CO 和 CO_2[195]。而在煤低温阶段，氢气的释放会更多地涉及次甲基官能团上的氢原子，也就是说，含有次甲基的化合物更容易成为氢气释放的前驱体，例如含醛基的化合物，这在第 4 章中实验结果已经证明。因此，脂肪族 C—H 转化特征再次表明醛基化合物是煤氧化过程中氢气释放的重要前驱体。

联立式(3-7)和式(5-6)，可得

$$\ln \frac{A_1 \exp(-E_1/RT)}{A_2 \exp(-E_2/RT)} = aT + b \qquad (5-7)$$

式中：E_1 为氢气释放的活化能值；E_2 为脂肪族 C—H 组分氧化反应活化能值；A_1 为氢气释放的指前因子；A_2 为脂肪族 C—H 氧化反应指前因子。

整理式(5-7)两边，可以得到

$$\frac{E_2 - E_1}{RT} = aT + b - \ln \frac{A_1}{A_2} \qquad (5-8)$$

因此，每种脂肪族 C—H 组分(甲基、亚甲基和次甲基)与氢气释放的关系可以用式(5-9)～式(5-11)描述：

$$\frac{E_{CH_3} - E_{H_2}}{RT} = a_1 T + b_1 - \ln \frac{A_{H_2}}{A_{CH_3}} \qquad (5-9)$$

$$\frac{E_{CH_3} - E_{H_2}}{RT} = a_2 T + b_2 - \ln \frac{A_{H_2}}{A_{CH_2}} \qquad (5-10)$$

$$\frac{E_{CH} - E_{H_2}}{RT} = a_3 T + b_3 - \ln \frac{A_{H_2}}{A_{CH}} \qquad (5-11)$$

将式(5-9)加上式(5-10)，然后减去式(5-11)×2，可以得到式(5-12)：

$$\frac{E_{CH}+E_{CH_3}-2E_{CH_2}}{RT}=a'T+b'-\left(\ln\frac{A_{H_2}}{A_{CH}}+\ln\frac{A_{H_2}}{A_{CH_3}}-2\ln\frac{A_{H_2}}{A_{CH_2}}\right) \quad (5-12)$$

式中：a'和b'均为常数。

因此，基于氧化反应动力学理论，煤分子内部3种脂肪族C—H组分与氢气释放之间的关系可以用式(5-12)进行描述。式(5-12)很清楚地量化了煤氧化过程中脂肪族C—H组分的转化与氢气释放的内在联系，同时也提供了一种计算它们氧化动力学参数的实用方法。

5.4 本章小结

本章利用原位红外漫反射光谱对煤低温氧化过程中各种主要活性官能团，包括脂肪族C—H组分、羟基、羰基等的变化与迁移规律进行了研究，探讨了煤样内部官能团的氧化行为，分析了氢气的释放机理，结论如下：

(1) 通过对比分析5种不同变质程度的原位红外谱图发现，随着煤种变质程度的增加，脂肪族C—H组分含量增加，羟基官能团含量逐渐降低，煤中的C=O总体含量也逐渐降低，这些活性官能团的差别决定了不同煤样的氧化行为不同。

(2) 随着煤种变质程度的增加，原煤中的醛基含量并非表现为单调性的变化，而是呈现出先增加—后降低—再增加—再降低的一种近似于波浪特征的变化，XS煤中醛基含量最多，ZB煤中醛基含量最少。这表明原煤中煤分子内部的醛基官能团含量与煤种的氢气释放能力直接关联，即醛基含量高的煤样氢气释放能力强，反之氢气释放能力较弱。

(3) 在煤氧化升温过程中，氢键自缔合羟基与游离态羟基含量随着煤温的升高均呈现出降低的趋势，而酚、醇、羧酸—OH与羧酸化合物的含量却呈现出先降低后增加的趋势，特别在120℃以后，煤氧反应进程加快，脂肪族C—H组分氧化反应加剧，促使酚、醇、羧酸—OH与羧酸化合物含量逐渐增加。同时，随着煤温的上升，煤中芳香酯与羧酸根离子的含量逐渐增加，煤中C=O的含量也表现出增加的趋势。

(4) 随着煤温的上升，煤中3种脂肪族C—H组分的含量均呈现逐渐降低的趋势。通过煤体恒温氧化实验发现，在整个煤氧反应中，3种脂肪族C—H组分的反应速率大小符合—CH_2>—CH>—CH_3，亚甲基的反应速率常数明显高于甲基与次甲基的反应速率常数，表明亚甲基的氧化反应在煤氧反应进程中占据主导地位。煤种的变质程度影响着脂肪族C—H的转化速率，低变质煤种的ZB

煤和 SD 煤，其脂肪族 C—H 的转化速率明显高于高变质煤种的 XS 煤和 JC 煤，这也进一步表明低阶煤种更容易发生氧化反应，自燃倾向性更高。

(5)基于煤中活性官能团的变迁转化规律，探究煤氧化阶段释放氢气机理。首先，当新鲜煤样与空气接触时，氧分子会攻击脂肪族 C—H 组分，产生过氧化物或过氢化物等中间产物；然后，随着煤温的上升，这些中间产物很容易氧化分解为多种含氧官能团，如羟基、羧基以及氢气释放的前驱体醛基，同时，煤中的部分羟基也容易被氧化，直接生成醛基；最后，作为氢气生成的前驱体，醛基主要通过两种途径释放氢气。第一种途径是醛基可以在煤的催化下进行氧化反应，直接生成氢气；第二种途径是醛基与煤中的含羟基化合物发生反应，分解释放出氢气。

(6)根据氧化动力学机理分析了煤氧化过程中脂肪族 C—H 组分的转化特性。脂肪族 C—H 组分氧化反应可以分为两个不同的阶段：60~100℃ 为第一个氧化反应阶段，100~200℃ 为第二个氧化反应阶段。这与煤氧化释放氢气的规律特征是相一致的。低阶的 ZB 煤和 SD 煤的脂肪族 C—H 组分表观活化能均低于高阶的 XS 煤和 JC 煤，表明煤阶越高，脂肪族 C—H 组分氧化活性越低，越难以发生氧化反应。而且研究发现，煤种特性对脂肪族 C—H 组分氧化活性的影响主要体现在第一阶段，也就是煤温在 100℃ 之前的煤氧反应初始阶段，因此在评价不同煤种氧化特性时，应该以第一阶段的动力学参数值作为主要的理论依据。

(7)通过分析脂肪族 C—H 组分的转化与氢气释放的相关性发现，尽管亚甲基官能团在脂肪族 C—H 组分中表现出最高的反应速率，但在低温阶段，煤中氢气的释放会更多地涉及次甲基官能团上的氢原子，也就是说含有次甲基的化合物更容易成为氢气释放的前驱体。同时，进一步推导出脂肪族 C—H 组分与氢气释放之间的关系：$\dfrac{E_{CH}+E_{CH_3}-2E_{CH_2}}{RT}=a'T+b'-\left(\ln\dfrac{A_{H_2}}{A_{CH}}+\ln\dfrac{A_{H_2}}{A_{CH_3}}-2\ln\dfrac{A_{H_2}}{A_{CH_2}}\right)$，该公式量化了煤氧化过程中脂肪族 C—H 组分的转化与氢气释放的内在联系，同时也提供了一种计算它们氧化动力学参数的实用方法。

6 氢气与其他多指标气体协同预测预报煤自燃研究

煤在自燃过程中会产生一系列的气相产物,如 H_2、CO、CO_2、CH_4 等。随着煤温的逐渐升高,一些气体的生成量也会发生显著变化,基于煤温和气体的对应关系,优选出易检测、有代表性、规律性并且能准确反映出煤氧化和燃烧程度的气体作为指标气体,通过分析煤样在不同温度时指标气体的浓度、比值等特征参数,可以推断煤自然发火状态。目前,我国多采用以碳氧化物和碳氢化物为主的指标气体,通过分析它们随煤温的变化趋势或者特征指标值来达到监测煤温的目的[196-199]。通过研究发现,煤在低温氧化过程中同样可以释放出一定量的氢气,但碳氧化物、碳氢化物容易被煤体、煤焦所吸附,影响其测量精度,相比于碳氧化物,煤对 H_2 的吸附系数要低很多,自燃火区内的氢气浓度受到干扰较小,敏感度较高,更能清楚直观地反映出火区情况。因此,通过模拟煤自然发火过程,研究氢气与其他多指标气体协同预测煤自燃,探讨氢气作为指标气体的可行性,这对于完善煤自然发火预测预报体系具有重要的意义。

6.1 煤自燃模拟实验及煤样物理参数

6.1.1 煤自燃模拟实验原理

煤氧复合反应过程气相产物的释放主要包含以下步骤:①氧分子从气相主体扩散到煤颗粒外表面;②氧分子经过煤颗粒外表面微孔扩散到煤颗粒内表面;③氧分子在煤样表面被脂肪族 C—H 组分吸附,并形成不稳定的过氧化物、过氢化物等中间体;④不稳定的中间体分解生成 CO_2、CO、H_2、CH_4 等烃类气体;⑤氧化气相产物由煤颗粒外表面扩散进入气流主体。低温过程中,CO、CO_2、H_2 等气相产物主要是由煤内部的特定官能团氧化产生,与煤的耗氧大小存在着直接的关系,也就是说,煤与氧气的氧化反应决定着气相产物的种类与浓度[200-203]。

煤自燃是一个渐进变化的过程，可分为缓慢氧化、迅速氧化、加速氧化和激烈氧化等不同的发展阶段。在不同的阶段随着煤温的升高，煤体会生成不同的气体产物种类，其中某些气体的成分、浓度及比值等参数随煤温的上升而发生规律性变化，这种变化可反映煤自然发火状态[204]。煤自燃模拟实验主要是通过外部环境加热促进煤体升温，从而模拟煤自燃实验过程。利用煤自燃模拟实验可以系统地了解煤体温度与多种气体，例如与 H_2、CO、CO_2、CH_4 等的定量关系，检测煤自燃标志气体的存在及其浓度变化特征来识别是否有煤自燃的发生及其发展程度和严重程度，从而为预测预报煤自燃发展进程提供理论依据。煤自燃模拟实验的具体实验装置与实验方法见本书第2.7节。

6.1.2 实验煤样物理参数

表6-1和表6-2分别是SD煤和XS煤的实验参数值。每种煤共筛分为3种煤样，粒径分别为 5.5～7.5mm、2.5～5.5mm 以及 0.8～2.5mm。实验煤样质量均取 500g。

表6-1 SD煤实验参数表

参数	煤样		
	粒径1	粒径2	粒径3
粒径/mm	5.5～7.5	2.5～5.5	0.8～2.5
装煤高度/cm	11.7	10.5	9.8
煤质量/g	500.12	500.34	500.08
煤体积/cm³	428.04	384.14	358.53
孔隙率/%	0.575	0.545	0.505

表6-2 XS煤实验参数表

参数	煤样		
	粒径1	粒径2	粒径3
粒径/mm	5.5～7.5	2.5～5.5	0.8～2.5
装煤高度/cm	11.3	10.2	9.5
煤质量/g	500.08	500.22	500.17
煤体积/cm³	413.41	373.67	347.55
孔隙率/%	0.568	0.536	0.497

从表 6-1 和表 6-2 中可以看出，随着煤样粒径的降低，煤样的孔隙率逐渐降低，表明粒径越小，煤颗粒排列越紧密，颗粒之间空间较小，装煤高度也随之降低。此外，相比于 SD 煤，相同粒径的 XS 煤的孔隙率较小，且 XS 煤的装煤高度与煤体积均偏小，但总体上减少幅度很小，可以认为两种煤的物理参数特征相差不大。

6.2 煤自燃过程气相产物随煤温的变化规律

模拟井下煤自燃过程，实验装置具有良好的绝热性能，煤自燃过程中煤样的耗氧量及主要气相产物浓度的变化规律如图 6-1 所示。从图 6-1 中可以看到，煤自燃过程中，煤样的粒径对煤氧复合反应有一定的影响，对于粒径较小的煤样，其耗氧量和气相产物的产量较大，但增加幅度并不明显。同时，SD 煤与 XS 煤的气相产物变化规律整体上相似，均随着煤温的增加各种气相产物的生成量逐渐增加。分析煤样的耗氧量可以发现，在煤温低于 80℃时，煤样的耗氧量较小，当煤温高于 80℃后，煤氧反应进入快速反应阶段，耗氧量也迅速增加。CO、CO_2 和 CH_4 气体在 30℃煤温时就已经生成，随着煤温的上升，呈近指数的趋势增加。而 C_2H_4 气体在煤温达到 120℃以后，其生成量才逐渐增加。对于 H_2 气体，SD 煤在 100℃时首先检测到氢气，而 XS 煤在 90℃时就已经明显检测到氢气，这也表明 XS 煤的氢气释放能力高于 SD 煤，但随着煤温的上升，SD 煤的耗氧速率会逐渐高于 XS 煤，因此 SD 煤的氢气释放量会较高于 XS 煤。

6.3 煤氧化过程中耗氧速率和气体生成速率

6.3.1 煤自燃特性参数理论分析

一般来说，煤自燃特性参数是从宏观角度表征煤层自燃性特征的直接参数，可以综合评价煤自燃的状态。煤自燃特性参数主要包括煤耗氧速率、气相产物释放速率、自然发火规律时间、煤氧化特征温度等，而煤自燃的实质在于煤氧反应，因此，基于传热学理论，建立煤氧化升温过程的计算模型，研究煤体在煤氧复合反应过程中的耗氧速率以及包括 CO、CO_2、H_2 等主要气相产物释放速率等主要宏观参数，可以为煤自燃预测预报提供基础理论数据。

6 氢气与其他多指标气体协同预测预报煤自燃研究

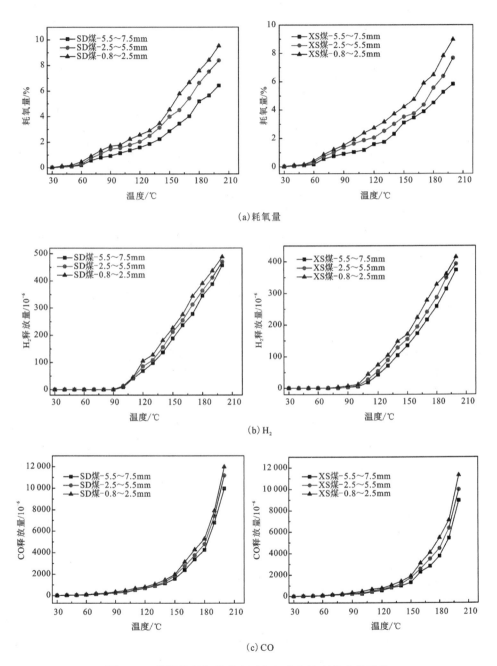

图 6-1 煤样的耗氧量及主要气相产物浓度的变化规律

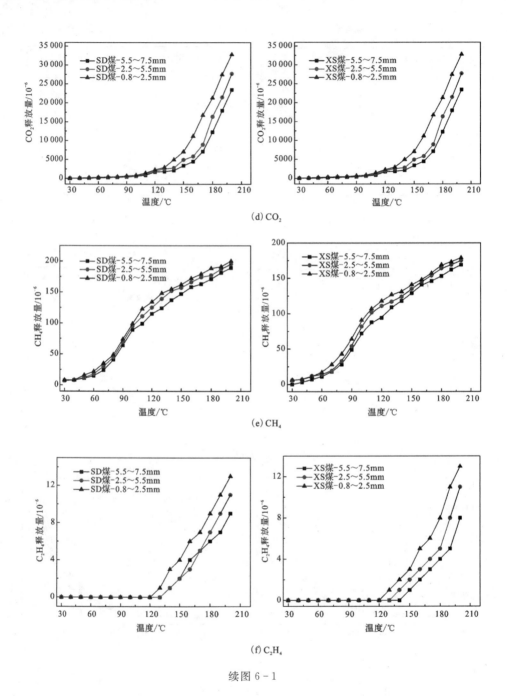

续图 6-1

在实验条件下,松散煤体内的漏风强度恒定,且风流沿纵向 z 轴方向均匀流动,根据传质学理论,煤体内氧气浓度平衡方程为[205,206]

$$S \cdot \mathrm{d}x \cdot V(T) = -Q \cdot \mathrm{d}C \tag{6-1}$$

式中:S 为煤样罐断面积(m^2);x 为氧化煤的高度(m);$V(T)$ 为温度 T 时的耗氧速率[$\mathrm{m}^3/(\mathrm{s} \cdot \mathrm{m}^3)$];$Q$ 为实验供风的流量(m^3/s);C 为氧气浓度(%);$\mathrm{d}C$ 为气体流过 $\mathrm{d}x$ 高度煤后的氧气浓度降低量(%)。

同时,煤体的耗氧速度与氧气浓度成正比,则

$$V(T) = \frac{C}{C_0} V_0(T) \tag{6-2}$$

式中:C_0 为标准氧浓度 21%;$V_0(T)$ 为标准氧浓度时的煤体耗氧速率[$\mathrm{m}^3/(\mathrm{s} \cdot \mathrm{m}^3)$]。

把式(6-2)代入式(6-1)得

$$S \cdot \mathrm{d}x \cdot \frac{C}{C_0} V_0(T) = -Q \cdot \mathrm{d}C \tag{6-3}$$

整理可得

$$\frac{\mathrm{d}C}{C} = \frac{-V_0(T)}{C_0} \cdot \frac{S}{Q} \mathrm{d}x \tag{6-4}$$

然后两边积分得

$$V_0(T) = \frac{Q \cdot C_0}{S \cdot x} \cdot \ln \frac{C_0}{C} \tag{6-5}$$

在自燃过程中,煤与氧发生化学反应消耗氧气,同时产生 CO、CO_2 等气体,因此可根据化学键能守恒原理,计算煤样在实验条件下的放热强度。由式(6-5)可推得炉体内任意点的氧浓度为

$$C = C_0 \cdot e^{-\frac{V_0(T) \cdot S}{Q \cdot C_0} \cdot x} \tag{6-6}$$

在自然发火实验台中,氧气浓度沿着风流方向不断减小,CO 和 CO_2 浓度不断增加,炉体内某一点处的 CO 和 CO_2 产生率与氧气浓度成正比,即

$$V_{CO}(T) = V_{CO}^0(T) \cdot C/C_0 \tag{6-7}$$

式中:$V_{CO}(T)$ 为 CO 产生速率[$\mathrm{m}^3/(\mathrm{s} \cdot \mathrm{m}^3)$];$V_{CO}^0(T)$ 为标准氧浓度时的 CO 产生速率,$\mathrm{m}^3/(\mathrm{s} \cdot \mathrm{m}^3)$。

根据传质学理论,可建立松散煤体内 CO 浓度的一维稳态平衡系统,并基于耗氧速率可以进一步推导标准氧气浓度下的 CO 产生速率[115],即

$$V_{CO}^0(T) = \frac{V_0(T) \cdot (C_{CO} - C_{CO}^0)}{C_0 \cdot \left[1 - e^{-\frac{V_0(T) \cdot S}{Q \cdot C_0} \cdot x}\right]} \tag{6-8}$$

式中：C_{CO} 为 CO 产生的浓度(%)；C_{CO}^0 为标准氧浓度时的 CO 产生的浓度(%)。

同样地，可得标准氧浓度时的 CO_2、H_2、CH_4、C_2H_4 等气体产生率，例如 CO_2 气体生成速率如公式(6-9)所示：

$$V_{CO_2}^0(T) = \frac{V_0(T) \cdot (C_{CO_2} - C_{CO_2}^0)}{C_0 \cdot \left[1 - e^{-\frac{V_0(T) \cdot S}{Q \cdot C_0} x}\right]} \quad (6-9)$$

式中：$V_{CO_2}^0$ 为标准氧浓度时的 CO_2 产生率[m³/(s·m³)]；C_{CO_2} 为 CO 产生的浓度(%)；$C_{CO_2}^0$ 为标准氧浓度时的 CO_2 产生的浓度(%)。

6.3.2 耗氧速率和气体生成速率的计算

煤自燃过程 SD 煤与 XS 煤的气相产物随煤温具有相似的变化规律，因此以 SD 煤为例，分析不同粒径煤体耗氧速率与各种主要气相产物生成速率的变化趋势，如图 6-2～图 6-4 所示。从图 6-2～图 6-4 中可以看出，煤体的耗氧速率与气体生成速率均随着煤温的升高呈增长趋势，而耗氧速率均远高于各种气相产物的生成速率。同时，CO 和 CO_2 作为煤低温氧化过程的主要气相产物，其生成速率高于 H_2、CH_4 等气体，而 C_2H_4 气体的生成速率最低。煤温在 100℃ 之前，煤氧反应缓慢，煤体耗氧速率较低，CO 和 CO_2 气体产生速率与煤耗氧速率增加也较为缓慢；在煤温达到 100℃ 以后，煤氧化进程加速，氢气与乙烯气体逐渐释放，耗氧速率及气体生成速率均以近指数形式增加。

通过对比 3 种粒径的煤样发现，随着粒径的减小，煤样的耗氧速率与各种气体生成速率均呈现增加的趋势，进一步表明煤的粒径变化会直接影响煤自燃的进程。粒径越小，煤比表面积越大，煤表面吸附氧气量增加，从而导致煤氧反应加速，引起煤样的耗氧速率与各种气体生成速率也逐渐增加。

6.3.3 耗氧速率与气相产物生成速率的关系

自燃过程中，煤在宏观与微观方面会发生一系列的变化，宏观方面主要表现为煤质量与放热量的变化，气相产物的生成与释放。随着煤温的增加，煤的耗氧速率逐渐增加，煤分子内部的脂肪族 C—H 发生吸附氧化反应，生成固体中间络合物，这些氧化中间产物会进一步发生脱羧反应和脱羰基反应，释放气相产物，如 CO、CO_2 等，从而引起煤质量的变化。因此，低温下 CO、CO_2、H_2 等气相产物的释放与煤的耗氧存在着密切的关系。实验发现，煤温在 100℃ 之前，煤氧反应缓慢，CO 和 CO_2 气体有一定比例是由煤分子内部官能团受热分解产生；而当煤

6 氢气与其他多指标气体协同预测预报煤自燃研究

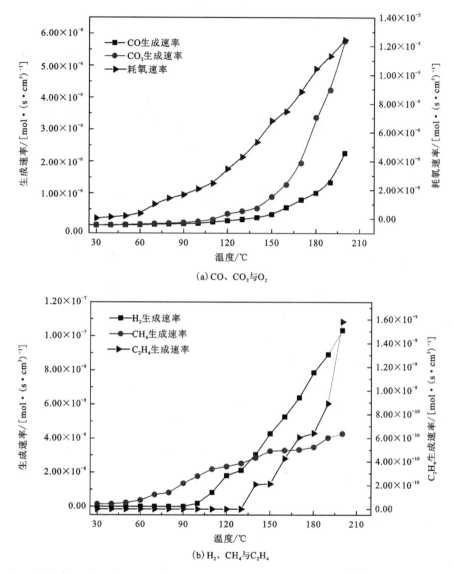

图 6-2 粒径为 5.5~7.5mmSD 煤耗氧速率与气相产物生成速率变化规律

温达到 100℃后，CO，CO_2 气体会呈近指数形式增加，同时 H_2，C_2H_4，C_2H_6 等气体也会大量释放，也就是说 100℃以后煤氧复合反应逐渐进入加速氧化阶段。因此，本节主要研究煤温在 100℃以后耗氧速率与各种气相产物释放速率的关系。

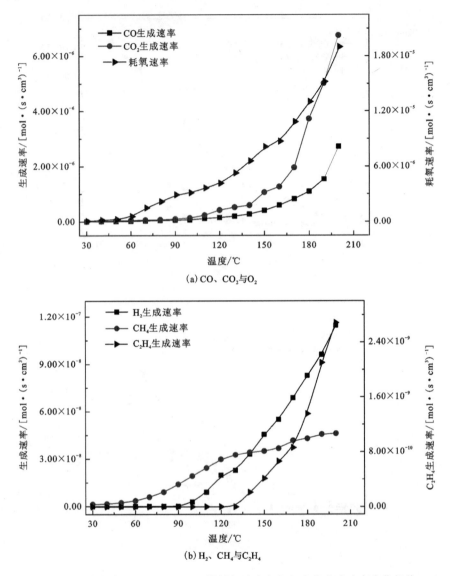

图 6-3 粒径为 2.5~5.5mmSD 煤耗氧速率与气相产物生成速率变化规律

6.3.3.1 耗氧速率与 CO 生成速率的关系

图 6-5 为 3 种不同粒径的 SD 煤与 XS 煤,耗氧速率随 CO 生成速率变化趋势图。从图中可以看到,煤温高于 100℃ 以后,两种煤样的耗氧速率随 CO 生成速率的变化趋势相似,耗氧速率随着 CO 生成速率的增加而逐渐增加,并且在

6 氢气与其他多指标气体协同预测预报煤自燃研究

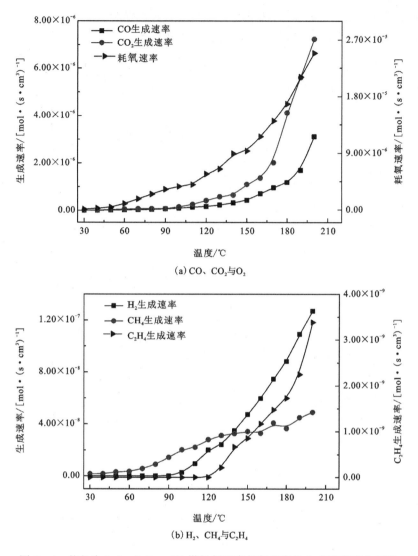

图6-4 粒径为0.8～2.5mmSD煤耗氧速率与气相产物生成速率变化规律

150℃之前速率增长点分布比较密集,增加幅度较小;当煤温高于150℃后,增长点分布更加均匀,增加幅度明显增大,表明煤氧反应进入快速氧化阶段,CO生成速率与耗氧速率均迅速增加。基于最小二乘法原理进行曲线拟合后发现,耗氧速率随着CO生成速率的增加趋势呈现良好的线性关系,一方面说明了煤体耗氧速率与CO释放速率之间的密切相关性,同时也表明了随着煤温的增加,煤体的耗氧速率可以表示为关于CO释放速率的线性形式。另外,从图中可以看出,随着粒径的减小,SD 煤的耗氧速率与 CO 生成速率均逐渐增加,说明粒径的减小促进了煤氧化反应,这与之前的研究结果相一致。

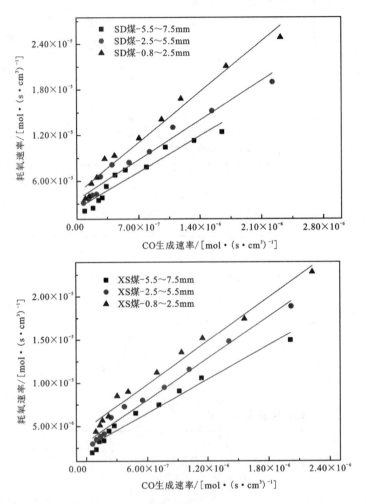

图 6-5　3 种不同粒径的 SD 煤和 XS 煤耗氧速率随 CO 生成速率变化趋势

6.3.3.2　耗氧速率与 CO_2 生成速率的关系

图 6-6 为 3 种不同粒径的 SD 煤与 XS 煤,耗氧速率随 CO_2 生成速率变化趋势图。如图所示,两种煤样的耗氧速率随着 CO_2 生成速率的增加也逐渐增加。煤体的耗氧速率随 CO_2 生成速率的变化规律与 CO 相似,在 150℃ 之前速

率增长点比较密集,当煤温高于150℃后,速率增长点的增加幅度也明显增大。同时,基于最小二乘法原理进行曲线拟合后发现,耗氧速率随着 CO_2 生成速率的增加趋势呈现良好的线性相关性,表明了 CO_2 的释放伴随着煤体的耗氧,而且随着煤温的增加,煤体的耗氧速率可以表示为关于 CO_2 释放速率的线性形式。

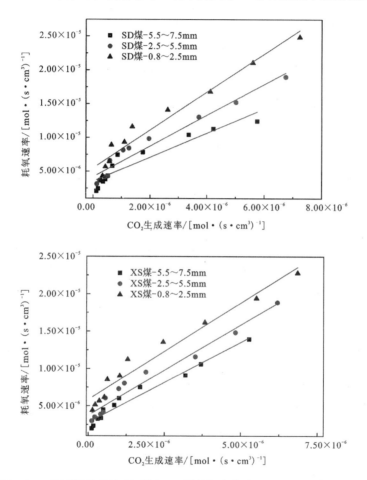

图6-6　3种不同粒径的 SD 煤和 XS 煤耗氧速率随 CO_2 生成速率变化趋势

6.3.3.3　耗氧速率与 H_2 生成速率的关系

图6-7为3种不同粒径的 SD 煤与 XS 煤耗氧速率随 H_2 生成速率的变化趋势图。同样进行曲线拟合后发现,随着氢气生成速率的增加,两种煤样的耗氧速率同样呈现良好的线性增加趋势,表明煤体的耗氧速率也可以表示为关于 H_2

生成速率的线性形式,而且进一步说明了此时煤中氢气的生成与耗氧有着密切的关系。同时,与 CO 和 CO_2 生成速率的增加趋势不同,在煤温高于 100℃ 后,随着煤体耗氧速率的增加,氢气生成速率的增加幅度整体上分布较为均匀。

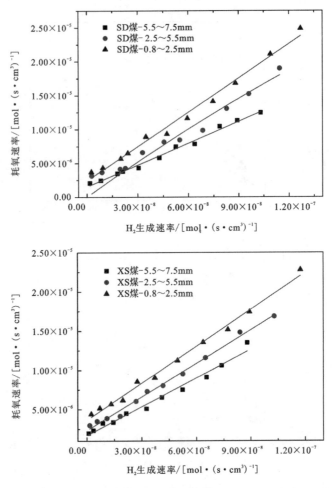

图 6-7　3 种不同粒径的 SD 煤和 XS 煤耗氧速率随 H_2 生成速率变化趋势

6.3.3.4　耗氧速率与 CH_4 生成速率的关系

图 6-8 为 3 种不同粒径的 SD 煤与 XS 煤耗氧速率与 CH_4 生成速率的变化趋势图。从图中可以看到,SD 煤的耗氧速率随 CH_4 生成速率的变化趋势虽然也能用线性拟合,但是拟合度明显不如 CO、CO_2 和 H_2,CH_4 生成速率的增长点

分布较为散乱,在粒径为 0.8～2.5mm 的 SD 煤中,甚至出现了当耗氧速率降低,对应的 CH_4 生成速率反而升高的情况。XS 煤中,3 种粒径的 CH_4 生成速率差别不大,表现出了煤样粒径的变化对 CH_4 的释放并无明显影响。这主要是由于 CH_4 作为煤层气的主要成分,易吸附在煤体表面,随着煤温的上升,吸附在煤体表面的 CH_4 气体逐渐解析出来,造成 CH_4 生成量的增加,煤样粒径对 CH_4 的解析并无影响,同时这种增加本质上并非煤氧化进程加速所致,因此对应的耗氧速率会出现降低的情况。

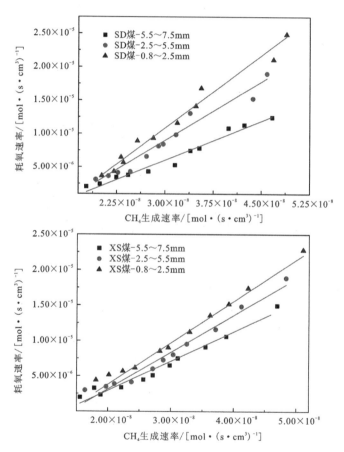

图 6-8　3 种不同粒径的 SD 煤和 XS 煤耗氧速率随 CH_4 生成速率变化趋势

6.3.3.5　耗氧速率与 C_2H_4 生成速率的关系

图 6-9 为 3 种不同粒径的 SD 煤与 XS 煤煤样耗氧速率与 C_2H_4 生成速率

的变化趋势图。图中显示,煤样的耗氧速率随 C_2H_4 生成速率的变化趋势也呈现良好的线性关系,表明煤样的耗氧速率也可以表示为关于 C_2H_4 生成速率的线性形式,而且气体生成速率的增加点分布也比较均匀。但同时可以看出,一方面相比于 H_2,C_2H_4 生成的温度更高,特别是粒径在 2.5~5.5mm 和 5.5~7.5mm 的 XS 煤中,C_2H_4 在 140℃才逐渐产生;另一方面,C_2H_4 生成速率量远远小于 CO、CO_2,甚至也明显低于 H_2,即使在整个煤氧化过程中,C_2H_4 的释放量也很小。

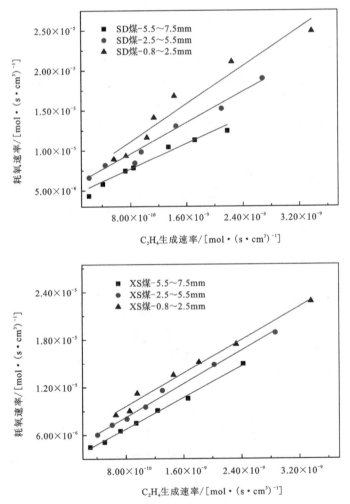

图 6-9 3 种不同粒径的 SD 煤和 XS 煤耗氧速率随 C_2H_4 生成速率变化趋势

6.4 耗氧速率与多种气相产物释放速率的联合研究

煤氧反应过程中,煤在不断消耗氧气的同时,也释放出 CO、CO_2、H_2 等气相产物,说明多种气相产物的生成与煤体的耗氧存在一定的关联。基于数学角度分析,煤样的耗氧速率与 CO、CO_2 等主要气相产物之间存在着数学形式上的线性变化关系,但在实际的耗氧反应过程中,这些气相产物的释放是否与氧气的消耗直接关联,利用气相产物分析煤体耗氧的可靠度是否可行,均需要进一步讨论。因此,本节将在煤体的耗氧速率与气相产物释放速率之间尝试建立多元线性回归模型,对煤体的耗氧速率与多种气相产物释放速率的关联性进行研究。

6.4.1 多元线性回归模型定义

多元线性回归模型是当一个量(被解释变量)受多个量(解释变量)共同影响时,并且被解释变量 Y 与解释变量 $X_1, X_2, \cdots, X_n$ 之间有线性关系,被解释变量则可以表示为解释变量的多元线性函数。

多元线性回归模型的一般表现形式为

$$Y = \beta_0 + \beta_1 X_{1i} + \beta_2 X_{2i} + \cdots + \beta_k X_{ki} + \lambda \quad i = 1, 2 \cdots n \quad (6-12)$$

式中:Y 为被解释变量;X 为解释变量;k 为解释变量的数目;λ 为非系统系数;β 为回归参数或偏回归系数,可以看作 X 的变化量对 Y 的直接影响。

总体回归模型 n 个随机方程的矩阵表达式为

$$Y = X\beta + \lambda \quad (6-13)$$

其中,$Y_{n \times 1} = \begin{bmatrix} Y_1 \\ Y_2 \\ \vdots \\ Y_n \end{bmatrix}$ 为被解释变量的观测值矩阵;$X_{n \times (k+1)} = \begin{bmatrix} 1 & X_{11} & X_{21} & \cdots & X_{k1} \\ 1 & X_{12} & X_{22} & \cdots & X_{k2} \\ 1 & \vdots & \vdots & \ddots & \vdots \\ 1 & X_{1n} & X_{2n} & \cdots & X_{kn} \end{bmatrix}$ 为解释变量的观测值矩阵;$\beta_{(k+1) \times 1} = \begin{bmatrix} \beta_0 \\ \beta_1 \\ \beta_2 \\ \vdots \\ \beta_k \end{bmatrix}$ 为总体回

归参数向量；$\mu_{n\times 1} = \begin{bmatrix} \mu_1 \\ \mu_2 \\ \vdots \\ \mu_n \end{bmatrix}$ 为随机误差向量。

式中：参数 $\beta_0, \beta_1, \beta_2, \cdots, \beta_k$ 都是未知的，用样本观测值对其进行估计，得到参数估计值 $\hat{\beta}_0, \hat{\beta}_1, \hat{\beta}_2, \cdots, \hat{\beta}_k$，进而用参数估计值代替未知参数 $\beta_0, \beta_1, \beta_2, \cdots, \beta_k$，求得多元线性回归方程 $\hat{Y}_i = \hat{\beta}_0 + \hat{\beta}_1 X_{1i} + \hat{\beta}_2 X_{2i} + \cdots + \hat{\beta}_k X_{ki}$。

6.4.2 耗氧速率与气相产物释放速率之间多元线性回归模型的建立

煤体在100℃之前主要释放 CO、CO_2 和 H_2O，且氧化进程比较缓慢。而当煤温高于100℃后，氢气、乙烯等气体逐渐生成。因此，本书将100℃以后的煤氧反应作为研究重点，以煤体耗氧速率作为因变量，以 CO、CO_2、H_2、CH_4、C_2H_4 气体的释放速率作为自变量，建立多元线性回归模型。即

$$Y = \beta_0 + \beta_1 X_1 + \beta_2 X_2 + \beta_3 X_3 + \beta_4 X_4 + \beta_5 X_5 \quad (6-14)$$

式中：Y 为煤体耗氧速率；X_1 为 CO 释放速率；X_2 为 CO_2 释放速率；X_3 为 H_2 释放速率；X_4 为 CH_4 释放速率；X_5 为 C_2H_4 释放速率；β_1、β_2、β_3、β_4、β_5 为待定系数。

基于最小二乘法原理，针对煤氧化升温过程中煤种的耗氧速率值与各种气相产物释放速率值的多元线性模型，利用 Origin 软件的 Multiple Linear Regression 进行多元线性回归方程求解，计算各个自变量前的偏回归系数值，即可得到 SD 煤与 XS 煤的多元线性回归方程，如表6-3和表6-4所示。

表6-3 SD煤多元线性回归拟合方程

粒径/mm	拟合关系式	拟合度 R
0.8～2.5	$Y = 1.984 X_1 - 0.033 X_2 + 182.483 X_3 - 81.257 X_4 + 1002.688 X_5 + 5.11 \times 10^{-6}$	0.988
2.5～5.5	$Y = 1.463 X_1 + 0.778 X_2 + 84.594 X_3 - 15.221 X_4 + 866.604 X_5 + 2.151 \times 10^{-6}$	0.984
5.5～7.5	$Y = 1.311 X_1 - 0.014 X_2 + 69.241 X_3 - 171.781 X_4 + 725.792 X_5 - 4.521 \times 10^{-6}$	0.982

表 6-4 XS 煤多元线性回归拟合方程

粒径/mm	拟合关系式	拟合度 R
0.8~2.5	$Y=3.298X_1-0.063X_2+42.745X_3-96.188X_4+3\,440.542X_5-4.696\times10^{-7}$	0.987
2.5~5.5	$Y=2.809X_1-0.023X_2+38.557X_3+80.263X_4+2\,792.196X_5+1.416\times10^{-6}$	0.992
5.5~7.5	$Y=1.922X_1+0.089X_2+35.879X_3-119.495X_4+2\,511.969X_5+3.335\times10^{-6}$	0.977

6.4.3 模型的检验与分析

由表 6-3 和表 6-4 中的拟合度可以看出，在不同粒径下，SD 煤的拟合度 R 分别为 0.988、0.984 和 0.922，XS 煤的拟合度 R 分别为 0.987、0992 和 0.977，3 种粒径的 SD 煤和 XS 煤关于耗氧速率的多元线性拟合度 R 均在 0.950 以上，表明基于多元线性回归模型的拟合度较好。同时对两种煤的多元线性回归模型的回归方程的 F 值（评估模型整体显著性的统计量）也进行了计算，以检验回归方程的显著性，如表 6-5 所示。基于 F 检验原理，当大于 F 值的频率小于 0.05，即可说明满足 F 检验。表 6-5 显示，SD 煤的 3 个回归方程高于 F 值的频率（Prob＞F）分别为 2.7×10^{-5}、2.14×10^{-5} 和 1.77×10^{-5}，XS 煤 3 个回归方程高于 F 值的频率（Prob＞F）分别为 1.74×10^{-6}、7.49×10^{-5} 和 4.27×10^{-5}，都远远小于 0.05，表明两种煤的回归方程均通过 F 检测，也说明了 3 个方程的多元线性拟合效果良好。

表 6-5 多元线性回归拟合方程 F 值

粒径/mm	SD 煤		XS 煤	
	F 值	Prob＞F	F 值	Prob＞F
0.8~2.5	124.14	2.07×10^{-5}	627.98	1.74×10^{-6}
2.5~5.5	143.77	2.14×10^{-5}	86.51	7.49×10^{-5}
5.5~7.5	112.78	1.77×10^{-5}	108.69	4.27×10^{-5}

表 6-6 显示了各项自变量的偏回归系数值,一般在多元线性回归模型中,自变量系数符号的正负代表着自变量对因变量的促进或者抑制。从表 6-6 中可以看到 CO 释放速率、H_2 释放速率和 C_2H_4 释放速率的偏回归系数值均为正值,说明 CO、H_2 和 C_2H_4 的释放促进了煤样的耗氧,也就是说,在低温环境中(小于 200℃)这 3 种气相产物的生成与煤的氧化反应过程密切相关。同时发现,对于粒径为 5.5~7.5mm 和 0.8~2.5mm 的 SD 煤,以及粒径为 2.5~5.5mm 和 0.8~2.5mm 的 XS 煤,CO_2 释放速率的偏回归系数为负值,类似的情况在 CH_4 气体中也可以看到。CO_2 和 CH_4 释放速率的偏回归系数为负值,说明了 CO_2 和 CH_4 气体的释放并不会完全促进煤体的耗氧,主要是由于低温环境中 CO_2 和 CH_4 的释放并非全部来源煤体的氧化,其中一部分来自煤表面吸附气体的解析,随着煤温的上升,气体解析量也会随之增加,使得 CO_2 和 CH_4 气体生成量增加。鉴于煤对 CO_2 和 CH_4 气体的较高吸附性,表明了 CO_2 和 CH_4 气体不适用于煤温的预测预报,这与许多学者研究结果一致[103,106]。

表 6-6 各项自变量的偏回归系数值

偏回归系数	SD 煤粒径			XS 煤粒径		
	5.5~7.5mm	2.5~5.5mm	0.8~2.5mm	5.5~7.5mm	2.5~5.5mm	0.8~2.5mm
β_1(CO)	1.311	1.463	1.984	1.922	2.809	3.298
β_2(CO_2)	−0.014	0.778	−0.033	0.089	−0.023	−0.063
β_3(H_2)	69.240	84.594	182.483	35.879	38.557	42.745
β_4(CH_4)	−171.781	−15.221	−81.257	−119.495	80.263	−96.188
β_5(C_2H_4)	725.792 2	2 792.196 8	1 002.688	2 511.969	2 792.196	3 440.542

进一步对比分析不同粒径 SD 煤和 XS 煤的 CO、H_2 和 C_2H_4 气体释放速率的偏回归系数值,可以看出随着粒径的降低,回归系数值逐渐增加,例如粒径为 5.5~7.5mm、2.5~5.5mm 和 0.8~2.5mm 的 SD 煤,其 CO 释放速率回归系数分别是 1.311、1.463 和 1.984,表明小粒径煤样更能促进煤体耗氧,煤样的耗氧速率更高,这与目前的研究结果相一致[22,25],也进一步证实了该多元线性回归模型的准确性。因此,基于多元线性回归模型的研究发现,在煤氧化过程中,CO、H_2 和 C_2H_4 的释放速率与煤体的耗氧速率直接密切相关,而 CO_2 和 CH_4 气体的释放并非全部来源于氧化,不能与煤体的耗氧速率完全相关。

6.5 多指标气体联合预测预报煤自燃

根据目前的研究成果,煤体置于空气中会经历物理吸附、化学吸附氧气,然后与氧气发生激烈的化学反应,在此过程中煤体不断释放反应热,当反应热得到蓄积会加热煤体,促使煤体温度升高,继而释放更多的热量。当煤体温度上升到特征临界温度后,煤体自热量会急剧增加,导致煤体出现自燃的隐患。在整个煤自燃过程中,煤氧复合反应是引发煤自燃的根本因素,因此,对煤体耗氧规律进行系统的研究是探讨煤自燃机理的根本方法和有效手段,也有助于评价煤体自燃状态,对煤体温度的预测预报具有重要意义。

在煤氧复合反应过程中,氧气不断吸附在煤体表面,煤分子内部的活性官能团会与氧分子进行反应,其中一部分氧分子与内部官能团结合,组成稳定的氧化产物留在煤分子内部,另一部分氧分子会在经历一系列氧化分解反应后,生成CO、CO_2等多种氧化产物,释放到环境中。煤分子内部的氧化物准确测定难度较大,因此目前多采用监测煤体主要气相氧化产物来分析煤体的耗氧规律,分析煤氧化机理;同时从多种气相产物中优选出可以预测预报煤体温度的指标性气体,对煤体温度进行监控,例如单一指标气体CO、格雷哈姆系数C/H等。根据氧分子所经历的不同氧化反应过程,煤体的耗氧产物可分为气相氧化产物、稳定固态氧化产物、液相氧化产物,而宏观的气相氧化产物可以利用相关设备仪器进行有效的测量,因此可以将宏观气相氧化产物作为有效耗氧。基于此,可以通过分析有效耗氧的变化趋势与规律,对煤体温度进行分析,进一步了解煤自燃状态,定义M值为煤体有效耗氧与煤体耗氧的比值,即$M=$煤体有效耗氧速率R_{O_1}/煤体耗氧速率R_O。通过多元线性回归模型研究发现,煤在氧化自燃过程中耗氧速率与多种主要气相产物满足多元线性关系,其中CO、H_2和C_2H_4的释放与煤体的耗氧直接相关,气体的生成速率值可以用于评估煤体的有效耗氧速率值;而CO_2和CH_4气体的释放并非与煤体耗氧完全相关,气体的生成速率值难以用于评估煤体有效耗氧速率值。同时煤样的耗氧速率和氧化气相产物的生成速率与煤温也是密切相关的,每一个特定的温度对应着特定的耗氧速率与气相产物生成速率。因此,同样可以利用气体生成速率去研究煤温的发展状况。通过以上分析,以煤体耗氧速率,以及CO、H_2和C_2H_4气体的生成速率为基础,可以进一步计算M值,即

$$M = \frac{O_2\%}{0.265N_2\%} \times \frac{R_{CO}+R_{H_2}+R_{C_2H_4}}{(1+\eta)R_{O_2}} \qquad (6-15)$$

式中：R 为气体生成速率[mol/(s·cm³)]；η 为漏风率(%)。

结合煤矿井下开采工作面的实际情况，工作面回风巷道的风流中除了正常的矿井通风外，还会存在漏风情况，当漏风风流混合在回风流中会造成实际耗氧速率值偏小，需要对实际的煤体耗氧速率进行校正。通过式(6-15)可以计算不同时刻的 M 值，基于 M 值的变化规律，可以进一步分析煤体燃烧状态。《煤矿安全质量标准化评分办法》规定，矿井主要通风机的外部漏风率在无提升设备时，不得超过 5%，因此本书在计算 M 值时，η 值取 4%。

图 6-10 是 3 种粒径的 SD 煤与 XS 煤 M 值随煤温的变化曲线，从图中可以看到，两种煤的 M 值变化规律相似，总体上随着煤温的上升，M 值是先降低后增加，80℃ 和 150℃ 分别是两个临界温度点。因此，根据 M 值随煤温的变化规律可以将煤的氧化过程分为 3 个阶段。第一阶段，煤温为 30~80℃ 时，M 值处在 [0.02, 0.04] 区间，随着煤温的上升，M 值逐渐降低。M 值主要对应煤体有效耗氧速率，也就是宏观的氧化气相产物的释放速率。当煤温低于 80℃ 时，煤氧反应处在缓慢氧化阶段，煤分子内部的活性官能团如脂肪族 C—H、化学吸附环境中的氧分子结合生成过氧化物等固态中间产物，由于煤温较低。中间产物不会发生有效热分解，这个阶段尽管耗氧速率逐渐增加，但气相产物的生成速率并没有明显增加，因此导致 M 值逐渐下降。第二阶段，煤温为 80~150℃ 时，M 值处在 [0.02, 0.06] 间，随着煤温的上升，M 值逐渐增加。这是由于当煤温高于 80℃ 后，煤氧反应进入加速氧化阶段，此阶段在耗氧速率增加的同时，宏观的氧化气相产物生成速率也会加速增加，促使 M 值也随之逐渐上升，但煤氧反应环境总体上仍处于较低温度，因此 M 值增加幅度并不大。第三个阶段，煤温高于 150℃ 时，M 值大于 0.06，而且随着煤温的上升，M 值快速增加。当煤温上升到 150℃ 后，煤氧复合反应进入快速氧化阶段，整个煤氧反应进程处在一个剧烈反应的环境中，此时各种氧化气相产物的生成速率迅速增加，导致 M 值的增加幅度也迅速加快。

综上所述，随着煤温的上升，根据 M 值变化趋势的不同，并结合 CO、H_2 和 C_2H_4 气体出现的温度点，可以将整个煤氧化阶段划分为 3 个不同的阶段，即缓慢氧化阶段(30~80℃)，对应 M 值逐渐降低；加速氧化阶段(80~150℃)，氢气逐渐释放，对应 M 值缓慢增加，且 M 值低于 0.06；快速氧化阶段(高于 150℃)，C_2H_4 气体逐渐释放，对应 M 值快速增加，且 M 值高于 0.06，具体规律如图 6-11 所示。

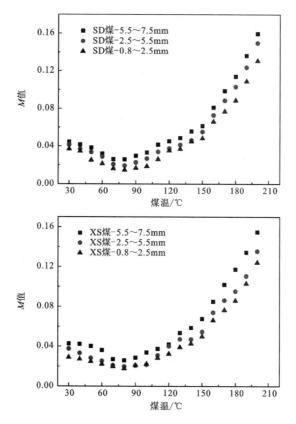

图 6-10 3 种粒径的 SD 煤和 XS 煤 M 值随煤温的变化规律

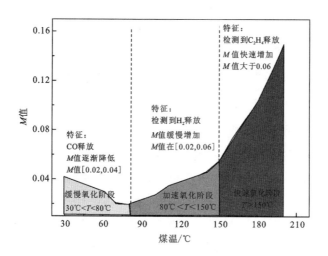

图 6-11 基于 M 值法划分煤低温氧化阶段

因此,可以通过计算煤体氧化阶段的 M 值,评估煤体所处的氧化阶段,同时可以分析煤体对应的温度区间。在矿井生产过程中,对煤早期氧化自燃现象准确地预测预报是预防煤自燃灾害事故的关键。本章基于气体反应速率,通过式(6-15)提出的 M 值预测煤温法,属于一种新的评估煤自燃状态的方法与手段。它在扩展单一指标气体预测法的基础上,联合 O_2、CO、H_2 和 C_2H_4 等多种指标气体,对煤氧化过程中的煤温进行计算分析,达到了对煤自燃状态评估的目的。M 值预测煤温法丰富了煤自燃预测预报体系,同时也证实了氢气作为指标气体进行协同预报的可行性。

6.6 本章小结

本章通过模拟煤自然发火过程,建立了基于耗氧速率和多种氧化气相产物的多元线性回归模型,探讨了 CO、H_2 等多种气体联合预测预报煤自燃的可行性,得出了如下主要结论:

(1)在煤氧化升温过程中,煤样的耗氧量逐渐增加,CO、CO_2 和 CH_4 气体在 30℃煤温时就已经生成,同时随着煤温的上升呈近指数增加。而 C_2H_4 气体在煤温达到 120℃以后,其生成量才逐渐增加。对于 H_2 气体,SD 煤在 100℃时首先检测到,而 XS 煤在 90℃时就已经明显检测到。

(2)在煤体的耗氧速率与主要气相产物生成速率之间建立了多元线性回归模型,研究结果表明,在煤氧化过程中,CO、H_2 和 C_2H_4 气体的释放速率与煤体的耗氧速率直接密切相关,而 CH_4 和 CO_2 气体一部分来源于煤表面吸附气体的解析,并非全部来源于煤体氧化,不能与煤体的耗氧速率完全相关。

(3)通过分析有效耗氧的变化趋势与规律,定义 M 值为煤体有效耗氧与煤体耗氧的比值。并基于多种气相产物生成速率与耗氧速率的关系,提出了计算 M 的公式,即 $M = \dfrac{O_2\%}{0.265N_2\%} \times \dfrac{R_{CO} + R_{H_2} + R_{C_2H_4}}{(1+\eta)R_{O_2}}$。根据 M 值的变化规律,可以量化煤体有效耗氧速率与煤体温度的关系,从而分析煤体燃烧状态。

(4)随着煤温的上升,根据 M 值变化趋势的不同,并结合 CO、H_2 和 C_2H_4 气体出现的温度点,可以将整个煤氧化阶段划分为 3 个不同的阶段,分别缓慢氧化阶段(30~80℃),对应着 M 值逐渐降低;加速氧化阶段(80~150℃),氢气逐渐释放,对应着 M 值缓慢增加,且 M 值低于 0.06;快速氧化阶段(高于 150℃),C_2H_4 气体逐渐释放,对应着 M 值快速增加,且 M 值高于 0.06。

(5) M 值预测煤温法属于一种新的评估煤氧化自燃状态的方法与手段。它在扩展单一指标气体预测法的基础上，联合 O_2、CO、H_2 和 C_2H_4 等多种气体，对煤氧化过程中的煤温进行计算分析，达到了对煤自燃状态评估的目的。M 值预测煤温法丰富了煤自燃预测预报体系，同时也证实了氢气作为指标气体进行协同预报的可行性。

7 总结与展望

7.1 总结

本书选取了 5 种不同变质程度的煤样作为研究对象,基于氧化动力学、热力学及中间络合物等理论,通过煤体升温、恒温氧化实验,元素迁移实验,模型化合物实验,原位红外光谱实验等系统地研究了不同煤种氢气的生成规律,并深入探究了宏观氢气释放与微观官能团转化的内在关联性,分析了氢气释放机理,在此基础上讨论了基于氢气的多指标气体联合预测预报煤自燃的可行性。主要结论如下:

(1)煤体氧化升温过程中,氢气的释放主要来自煤的氧化反应过程,而非原煤中赋存的含氢官能团的热分解反应。煤中氢气的释放可以划分为两个阶段,煤温 100℃是个临界温度点,在煤温低于 100℃时,氢气释放速率很小,且增长不明显,这个阶段是氢气缓慢释放阶段;当煤温高于 100℃时,氢气释放速率开始迅速增加,并以近指数形式增长,这个阶段为氢气加速释放过程。

(2)煤氧化过程中,氢气的释放受到煤温、煤变质程度、粒径、质量等多方面因素的影响,其中煤温、煤变质程度从根本上影响氢气的释放,而粒径、煤样质量通过影响煤氧化反应进程而影响氢气的释放。随着煤种变质程度的增加,煤体释放氢气的能力并非表现出单调性的变化,而是呈现出先增加—后降低—再增加—再降低的一种近似于波浪形式的变化特征。同时,煤样的 $H_2/\Delta O_2$ 值均随着煤温的上升而逐渐增加,表明煤温的上升不仅促进了氢气的释放量,也提高单位氧气消耗条件下氢气的释放能力。100℃是 $H_2/\Delta O_2$ 值增加的临界点,当煤温增长到 100℃以后,煤样的 $H_2/\Delta O_2$ 值增加幅度明显变大。

(3)在整个煤氧化过程中,H 元素的变化幅度逐渐增强,而 O 元素的增加幅度却是不断降低的,煤样在物理吸附和化学吸附阶段,煤氧反应较为缓慢,此时煤中的 O/C 与 H/C 联合反应,但 O/C 变化占主导地位,释放出相应的 CO、CO_2 等气相产物;在化学反应阶段($T>$100℃)煤氧反应加剧,$\Delta H/\Delta O$ 值会迅速增加,H/C的变化频率超过O/C,此时煤中H元素变化逐渐占据主要位置。同时,C、H、N三种元素在煤中的迁移活化能均为正值,其中,H元素的活化能最小,表明煤中H元素稳定性低,含氢官能团容易发生氧化反应;O、S元素的迁移活化能为负值,O元素的反应涉及到中间氧化产物生成与分解的两个相互竞争的反应序列,硫化合物的氧化主要是放热反应,降低体系能量值。

(4)基于4种含氢活性官能团的模型化合物氧化实验发现,只有醛基(—CHO)明显释放出氢气,而其他包括含羟基(—OH)、脂肪族C—H,以及羧基(—COOH)的各种溶液,在氧化过程中均未明显发现氢气的释放,表明了醛基在空气中的氧化反应可以直接产生氢气,含醛基化合物是氢气释放的前驱体化合物。在空气环境中,醛基溶液与煤混合后,氢气释放量明显增加,煤样可以催化促进醛基生成氢气,同时醛基中的羰基C=O键会进一步发生氧化反应,在煤的催化下更容易生成CO_2,而非直接分解为CO。而在氮气环境中,单独的煤或醛基溶液均无法释放氢气,但煤与醛基溶液混合却有氢气的生成,而且氢气释放量随着温度的上升呈现出增加的趋势,说明醛基溶液同样可以与煤中的某些特性物质发生反应,释放出氢气。

(5)利用原位红外光谱仪测试了原煤与氧化煤样的内部活性官能团转化特性,实验结果表明随着煤种变质程度的加深,原煤中脂肪族C—H组分含量增加,羟基官能团含量逐渐降低,煤中的C=O总体含量也逐渐降低,这些活性官能团的差别决定了不同煤样的氧化行为的不同。同时,煤种释放氢气的能力与煤中的含氢量无关,而与原煤中煤分子内部的醛基官能团含量直接关联,即醛基含量高的煤样,氢气释放能力强,反之氢气释放能力较弱。此外,笔者根据氧化动力学机理,进一步分析了脂肪族C—H组分的转化特性。脂肪族C—H组分氧化反应可以分为两个不同的阶段:60~100℃为第一个氧化反应阶段;100~200℃为第二个氧化反应阶段。研究发现,煤种特性对脂肪族C—H组分氧化活性的影响主要体现在第一阶段,也就是煤温在100℃之前的煤氧反应初始阶段,因此在评价不同煤种自燃特性时,应该以第一阶段的动力学参数值作为主要的理论依据。

(6)基于煤中活性官能团的变迁转化规律,探究煤氧化释放氢气机理。当煤样与空气接触时,氧分子会首先攻击脂肪族C—H组分,产生过氧化物或过氢化物等中间产物。随着煤温的上升,这些中间产物很容易氧化分解为多种含氧官能团,如羟基、羧基,以及氢气释放的前驱体醛基,同时煤中的部分羟基也容易被氧化直接生成醛基。最后,作为氢气生成的前驱体,醛基主要通过两种途径释放氢气：第一种途径是醛基中的 C—H 键在煤的催化下，受到氧气攻击而发生断键反应，氢自由基相互结合生成氢气；第二种途径是醛基与煤中的含羟基化合物发生反应，释放出氢气。

(7) 通过分析脂肪族 C—H 组分的转化与氢气释放的相关性发现，亚甲基官能团在脂肪族 C—H 组分中表现出最高的反应速率，但煤低温氧化阶段，氢气的释放会更多涉及到次甲基官能团上的氢原子，也就是说含有次甲基的化合物更容易成为氢气释放的前驱体。同时，进一步推导出脂肪族 C—H 组分与氢气释放之间的关系：$\frac{E_{CH}+E_{CH_3}-2E_{CH_2}}{RT}=a'T+b'-\left(\ln\frac{A_{H_2}}{A_{CH}}+\ln\frac{A_{H_2}}{A_{CH_3}}-2\ln\frac{A_{H_2}}{A_{CH_2}}\right)$，该公式量化了煤氧化过程中脂肪族 C—H 组分的转化与氢气释放的内在联系，同时也提供了一种计算它们氧化动力学参数的实用方法。

(8) 基于气相产物生成速率与耗氧速率的关系，提出了 M 值法预测预报煤温，即 $M=\frac{O_2\%}{0.265N_2\%}\times\frac{R_{CO}+R_{H_2}+R_{C_2H_4}}{(1+\eta)R_{O_2}}$。随着煤温的上升，根据 M 值变化趋势的不同，可以将整个煤氧化阶段划分为 3 个不同的阶段：缓慢氧化阶段（30～80℃），对应着 M 值逐渐降低；加速氧化阶段（80～150℃），对应着 M 值缓慢增加，且 M 值低于 0.06；快速氧化阶段（高于 150℃），对应着 M 值快速增加，且 M 值高于 0.06。

7.2 主要创新点

(1) 确定了煤氧化升温过程中，氢气的释放主要来源于煤的氧化反应过程而非热分解反应。在研究氢气释放特性中发现氢气的释放可以划分为两个阶段，煤温 100℃ 是临界温度点，煤温低于 100℃ 时属于氢气缓慢释放阶段，煤温高于 100℃ 时属于氢气加速释放过程。同时，煤温的升高不仅会增加煤样耗氧量而促进氢气释放，而且会提高煤体单位耗氧量所释放的氢气量。而随着煤种变质程度的增加，煤体释放氢气的能力呈现出近似于"波浪"形式的增减交替变化特征。

(2) 首次明确了煤氧化释放氢气的前驱体是醛基化合物。同时基于煤中活性官能团的变迁转化规律，首次提出了煤氧化释放氢气途径。当煤样与空气接触时，氧分子会首先攻击脂肪族 C—H 组分，产生过氧化物或过氢化物等中间产物。随着煤温的上升，这些中间产物很容易氧化分解为多种含氧官能团，如羟基、羧基，以及氢气释放的前驱体醛基，同时煤中的部分羟基也容易被氧化直接生成醛基。最后，作为氢气生成的前驱体，醛基主要通过两种途径释放氢气：第一种途径是醛基中的 C—H 键在煤的催化下，受到氧气攻击而发生断键反应，氢自由基相互结合生成氢气；第二种途径是醛基与煤中的含羟基化合物发生反应，释放出氢气。

(3) 通过分析宏观氢气释放与微观脂肪族 C—H 组分转化的相关性发现，亚甲基官能团在脂肪族 C—H 组分中表现出最高的反应速率，但煤低温氧化阶段氢气的释放会更多涉及到次甲基官能团上的氢原子。在此基础上进一步推导出脂肪族 C—H 组分与氢气释放之间的数量关系：$\dfrac{E_{CH}+E_{CH_3}-2E_{CH_2}}{RT}=a'T+b'-\left(\ln\dfrac{A_{H_2}}{A_{CH}}+\ln\dfrac{A_{H_2}}{A_{CH_3}}-2\ln\dfrac{A_{H_2}}{A_{CH_2}}\right)$，该公式量化了煤氧化过程中脂肪族 C—H 组分的转化与氢气释放的内在联系，同时也提供了一种计算它们氧化动力学参数的实用方法。

7.3 展望

本书在继承和发展前人研究方法和成果的基础上，系统地研究了煤氧化过程中氢气的生成规律和释放机理，分析了氢气与微观活性官能团转化的关联性，同时探讨了氢气作为指标气体联合预测预报煤自燃的可行性，在此基础上得到了一些有意义的结论，但由于煤分子结构复杂性以及煤种的多样性，笔者认为本工作还需在以下 3 个方面开展进一步的研究。

(1) 基于量子化学理论，利用相关量子化学软件模拟氢气释放途径，计算稳态与过渡态条件下氢气释放的热力学和动力学参数，同时研究反应过程中多种化合物分子结构变化的过程，完善氢气释放基础理论。

(2) 将 M 值法预测预报煤自燃法在不同矿井中进行实际应用，验证其普遍性的同时，进一步完善修订 M 值预测方法。

(3) 研发氢气富集装置，提高井下氢气的收集率与分析率，扩展矿井中氢气的实用性与适用性。

参考文献

[1] 秦波涛,仲晓星,王德明,等. 煤自燃过程特性及防治技术研究进展[J]. 煤炭科学技术,2021,49(1):66-99.

[2] 叶鑫浩. 典型生物质的水相生物油对煤自燃的阻化性能及机理研究[D]. 淮南:安徽理工学院,2024.

[3] 王德明. 矿井火灾学[M]. 徐州:中国矿业大学出版社,2008.

[4] PONE J D N, HEIN K, STRACHER G, et al. The spontaneous combustion of coal and its by-products in the Witbank and Sasolburg coalfields of South Africa[J]. International Journal of Coal Geology,2007,72(2):124-140.

[5] 赵兴国,戴广龙. 氧化煤自燃特性实验研究[J]. 中国安全生产科学技术,2020,16(6):55-60.

[6] HOWER J C, O'KEEFE J, HENKE K R, et al. Gaseous emissions and sublimates from the Truman Shepherd coal fire, Floyd County, Kentucky: A re-investigation following attempted mitigation of the fire[J]. International Journal of Coal Geology,2013(116):63-74.

[7] 张玉龙. 基于宏观表现与微观特性的煤低温氧化机理及其应用研究[D]. 太原:太原理工大学,2014.

[8] 张嬿妮. 煤氧化自燃微观特征及其宏观表征研究[D]. 西安:西安科技大学,2012.

[9] WANG H H, DLUGOGORSKI B Z, KENNEDY E M. Coal oxidation at low temperatures: oxygen consumption, oxidation products, reaction mechanism and kinetic modelling[J]. Progress in Energy and Combustion Science,2003(29):487-513.

[10] 王省身,张国枢. 矿井火灾防治[M]. 徐州:中国矿业大学出版社,1990.

[11] LOPEZA D, SANADAB Y, MONDRAGON F. Effect of low-tempera-

ture oxidation of coal on hydrogen-transfer capability[J]. Fuel,1998(77):1623-1628.

[12]TANG Y B,XUE S. Laboratory study on the spontaneous combustion propensity of lignite undergone heating treatment at low temperature in insert and Low-Oxygen environments[J]. Energy and Fuel,2015(29):4683-4689.

[13]李增华.煤炭自燃的自由基反应机理[J].中国矿业大学学报,1996,25(3):111-114.

[14]ZHANG L,QIN B. Rheological characteristics of foamed gel for mine fire control[J]. Fire Mater,2016,40(2):246-260.

[15]SUIANTI W,ZHANG D. A laboratory study of spontaneous combustion of coal:The influence of inorganic matter and reactor size[J]. Fuel,1999,78(5):549-556.

[16]HOWARD H C. Low temperature reactions of oxygen on bituminous coal[J]. Transactions of the American Institute of Mining and Metallurgical Engineers,1948(177):523-534.

[17]CARPENTER D L,GIDDINGS D G. The initial stages of the oxidation of coal with molecular oxygen. Ⅱ. Order of reaction[J]. Fuel,1964(43):375-383.

[18]ZHANG Y L,WU J M,CHANG L P,et al. Changes in the reaction regime during low-temperature oxidation of coal in confined spaces[J]. Journal of Loss Prevention in the Process Industries,2013,26(6):1221-1229.

[19]路长,余明高,陈亮,等.煤的受热氧化及其对物理吸附氧气的影响[J].煤炭学报,2008(9):1025-1029.

[20]梁运涛.煤自然发火期快速预测研究[D].杭州:浙江大学,2010.

[21]郭小云,王德明,李金帅.煤低温氧化阶段气体吸附与解析过程特性研究[J].煤炭工程,2011(5):102-104.

[22]CARPENTER D L,GIDDINGS D G. The initial stages of the oxidation of coal with molecular oxygen. Ⅰ. Effect of time,temperature and coal rank on rate of oxygen consumption[J]. Fuel,1964(43):247-266.

[23]戴广龙.煤低温氧化过程气体产物变化规律研究[J].煤矿安全,2007,1:1-4.

[24] 许涛,王德明,雷丹,等. 基于 CO 浓度的煤低温氧化动力学试验研究[J]. 煤炭科学技术,2012,40(3):53-55.

[25] YUAN L,SMITH A C. Experimental study on CO and CO_2 emissions from spontaneous heating of coals at varying temperatures and O_2 concentrations [J]. Journal of Loss Prevention in the Process Industries,2013,26(6):1321-1327.

[26] GREEN U,AIZENSHTAT Z,HOWER J C,et al. Modes of formation of carbon oxides [$CO_x(x=1,2)$] from coals during atmospheric storage. Part 1:effect of coal rank[J]. Energy and Fuels,2010(24):6366-6374.

[27] GREEN U,AIZENSHTAT Z,HOWER J C,et al. Modes of formation of carbon oxides (COx ($x=1,2$)) from coals during atmospheric storage:Part 2:effect of coal rank on the kinetics[J]. Energy and Fuels 2011(25):5625-5631.

[28] JAKAB E,TILL F,VARHEGYI G. Thermogravimetric-mass spectrometric study on the low temperature oxidation of coals[J]. Fuel Processing Technology,1991(28):221-238.

[29] VASSIL N M. Self-ignition and mechanism of interaction of coal with oxygen at low temperatures[J]. Fuel,1977(56):158-164.

[30] 彭本信. 应用热分析技术研究煤的氧化自燃过程[J]. 煤矿安全,1990(4):1-12.

[31] TARBA B. Thermovision as a tool of early detection of spontaneous heating of coal in mine openings[J]. Proceedings of the US mine Ventilation Symposium,1993(3):501-504

[32] PISUPATI A V,SCARONI T W,HATCHER T G. Devolatilization behaviour of weathered and laboratory oxidized bituminous coals[J]. Fuel,1993(72):165-173.

[33] LANDAIS P,ROCHDI A. In situ examination of coal macerals oxidation by micro-FT-i.r. spectroscopy[J]. Fuel,1993,72(10):1393-1401.

[34] CALEMMA V,RAUSA R,MARGARIT R,et al. FT-i.r. study of coal oxidation at low temperature[J]. Fuel,1988(67):764-769.

[35] YÜRÜM Y,ALTUNTAŞ N,1998. Air oxidation of Beypazari lignite at 50℃,100℃ and 150℃[J]. Fuel,1977(15):1809-1814.

[36] TAHMASEBI A,YU J,HAN Y,et al. Study of chemical structure changes of Chinese lignite upon drying in superheated steam,microwave,and hot air [J]. Energy Fuels,2012(26):3651-3660.

[37] CASAL M D,GONZALEZ A I,CANGA C S,et al. Modifications of coking coal and metallurgical coke properties induced by coal weathering[J]. Fuel Processing Technology,2003(84):47-62.

[38] 王继仁,邓存宝. 煤微观结构与组分量质差异自燃理论[J]. 煤炭学报,2007,32(12):1291-1296.

[39] 张国枢,谢应明,顾建明. 煤炭自燃微观结构变化的红外光谱分析[J]. 煤炭学报,2003,28(5):474-476.

[40] 姜波,秦勇. 变形煤的结构演化机理及其地质意义[M]. 徐州:中国矿业大学出版社,1998.

[41] 盛世雄. X射线衍射技术(多晶体和非晶质材料)[M]. 北京:冶金工业出版社,1986.

[42] MISHRA V,BHOWMICK T,CHAKRAVARTY S,et al. Influence of coal quality on combustion behaviour and mineral phases transformations[J]. Fuel,2016(186):443-455.

[43] 戴广龙. 煤低温氧化过程中微晶结构变化规律研究[J]. 煤炭学报,2011,36(2):322-325.

[44] 罗陨飞,李文华. 中等变质程度煤显微组分大分子结构的XRD研究[J]. 煤炭学报,2004,29(3):338-341.

[45] 张代钧,鲜学福. 煤微组分结构的X-射线实验研究[J]. 分析测试通报,1991,10(3):32.

[46] 田承盛,曾凡桂. 镜煤与丝炭结构的X射线衍射初步分析[J]. 太原理工大学学报,2001,32(2):102.

[47] 李增华. 煤炭自燃的自由基反应机理[J]. 中国矿业大学学报,1996,25(3):111-114.

[48] TARABA B,Disintegration of coal as a non-oxidative source of carbon

monoxide[J], Mining Engineer, 1994, 154(395): 55 - 56.

[49] KUDYNSKA J, BUCKMASTER H A. Low-temperature oxidation kinetics of high-volatile bituminous coal studied by dynamic in situ 9 GHz c. w. e. p. r. spectroscopy[J]. Fuel, 1996, 75(7): 872 - 878.

[50] BARBARA P W, ANDRZEJ B, WIECKOWSKI R P, et al. Oxidation of deminerialized coal and coal free of pyrite examined by EPR spectroscopy[J]. Fuel, 2002, 81(2): 1925 - 1931.

[51] 戴广龙. 煤低温氧化及自燃特性的综合实验研究[D]. 徐州: 中国矿业大学, 2005.

[52] 郭德勇, 韩德馨. 构造煤的电子顺磁共振实验研究[J]. 中国矿业大学学报, 1999, 28(1): 94 - 97.

[53] LIOTTA R, BRONS G, ISAACS J. Oxidative weathering of Ⅱ linois No. 6 coal[J]. Fuel, 1983(62): 781 - 791.

[54] CIMADEVILLA J L G, ÁLVAREZ R, PIS J J. Influence of coal forced oxidation on technological properties of cokes produced at laboratory scale[J]. Fuel Processing Technology, 2005(87): 1 - 10.

[55] MARINOV V, N. Self-ignition and mechanisms of interaction of coal with oxygen at low temperatures. 1. Changes in the composition of coal heated at constant rate to 250℃ in air[J]. Fuel, 1977(56): 153 - 157.

[56] PERRY D L, GRINT A. Application of XPS to coal characterization[J]. Fuel, 1983(62): 1024 - 1033.

[57] BORAH D, BARUAH M K. Kinetic and thermodynamic studies on oxidative desulphurisation of organic sulphur from Indian coal at 50～150℃[J]. Fuel Processing Technology, 2001(72): 83 - 101.

[58] 位爱竹. 煤炭自燃自由基反应机理的实验研究[D]. 徐州: 中国矿业大学, 2008.

[59] 尹晓丹, 王德明, 仲晓星. 基于耗氧量的煤低温氧化反应活化能研究[J]. 煤矿安全, 2010(7): 12 - 15.

[60] TEVRUCHT M L E, GRIFFITHS P R. Activation energy of air-oxidized bituminous coals[J]. Energy and Fuels, 1989, 3(4): 522 - 527

[61]BOWES P C. Self-heating:evaluating and controlling the hazard[M]. Amsterdam:Elservier,1984.

[62]PATIL A O,KELEMAN S R. In-situ polymerization of parole in coal Polymeric[J]. Materials Science and Engineering,1995(72):298-302.

[63]MARTIN R R,BUSHBY S J. Secondary ion mass spectrometry in the study of froth flotation of coal fines[J]. Fuel,1990,69(5):651-653.

[64]刘剑,王继仁,孙宝铮.煤的活化能理论研究[J].煤炭学报,1999,24(3):316-320.

[65]NORDON P,YOUNG B C,BAINBRIDGE N. The rate of oxidation of char and coal in relation to their tendency to self-heat[J]. Fuel,1979(58):443-449.

[66]KUDYNSKA J,BUCKMASTER H A. Low-temperature oxidation kinetics of high-volatile bituminous coal studied by dynamic in situ 9GHz c. w. e. p. r. spectroscopy[J]. Fuel,1996,75(7):872-878.

[67]MACKINNON A J,HALL P J,MONDRAGON F. Enthalpy relaxation and glass transitions in point of ayr coal[J]. Fuel,1995(74):136.

[68]HALL P J,MACKINNON A J,MONDRAGON F. Role of glass transitions in determining enthalpies of air oxidation in north Dakota lignite[J]. Energy Fuels,1994(8):1002-1003.

[69]GARCIA P,HALL P J,MONDRAGON F. The use of differential scanning calorimetry to identify coals susceptible to spontaneous combustion[J]. Thermochimica Acta,1999(336):41-46.

[70]余明高,郑艳敏,路长,等.煤低温氧化热解的热分析实验研究[J].中国安全科学学报,2009(9):83-86.

[71]KÖK M V,OKANDAN E. Kinetic analysis of DSC and thermogravimetric data on combustion of lignite[J]. Journal of Thermal Analysis Calorimetry 1996(46):1657-1669.

[72]ZHANG Y L,WANG J F S,WU J M,et al. Modes and kinetics of CO_2 and CO production from low-temperature oxidation of coal[J]. International Journal of Coal Geology,2015(140):1-8.

[73]谢克昌.煤的结构与反应性[M].北京:科学出版社,2002.

[74]梁汉东.煤岩自然释放氢气与瓦斯突出关系初探[J].煤炭学报,2001,6(26):637-642.

[75]杨忠红,马婧.地质勘探过程中煤层气联测氢气方法[J].地质学报,2009,2(29):244-246.

[76]戴广龙,张国枢,邵辉.新集煤矿采空区氢气与煤炭自燃氧化关系的研究[J].煤炭工程师,1998(2):12-15.

[77]KRZYSZTOF S,KRZYSZTOF K,MARIAN W,et al. Experimental simulation of hard coal underground gasification for hydrogen production[J]. Fuel,2012(91),40-50.

[78]SHAO H,ZHOU F B,CHEN K Y,et al. Study on the hydrogen generation rules of coal oxidation at low temperature [J]. Technological Education Institute of Kavala,2014,90-95.

[79]HITCHCOCK W K,BEAMISH B B,CLIFF D. A study of the formation of hydrogen produced during the oxidation of bulk coal under laboratory conditions[J]. Coal Operators' Conference,2004,83(9):156-172.

[80]GROSSMAN S L,WEGENER I,WANZL W,et al. Molecular hydrogen evolution as a consequence of atmospheric oxidation of coal:3. Thermogravimetric flow reactor studies[J]. Fuel,1994:762-767.

[81]GROSSMAN S L,WEGENER I,WANZL W,et al. Molecular hydrogen evolution as a consequence of atmospheric oxidation of coal:1. Batch reactor simulations[J]. Butterworth Heinemann Ltd,London,1994:193-197.

[82]PONE J D,HEIN K A. Thermal spontaneous combustion of coal and its by-products in the Witbank and Sasolburg coalfields of South Africa[J]. International Journal of Coal Geology,2007.

[83]任浩婕.煤氧化热解过程中氢气生成的规律的研究[D].太原:太原理工大学,2012.

[84]姚彦娜.煤自燃过程 H_2 生成规律及与其它指标气体关联性研究[D].太原:太原理工大学,2015.

[85]周强.煤层瓦斯中氢气与氦气的气象色谱分析方法与应用研究[D].北京:中国原子能科学研究院,2004.

[86]李增华,林柏泉,张兰君,等.氢气的生成及对瓦斯爆炸的影响[J].中国矿业大学学报,2008,2(37):147-151.

[87]ASHOK K,SINGH,SINGH M P,et al. Mine fire gas indices and their application to Indian underground coal mine fires [J]. International Journal of Coal Geology,2007(69):192-204.

[88]GERALD P H,FRANK E H,GEORGE R,et al. Comparative sensitivity of various analytical techniques to the low-temperature oxidation of coal[J]. Fuel,1985(64):849-856.

[89]ZHOU F B,LI J H,LIU Y S,et al. Rules of variation in hydrogen during reignition of underground fire zones of spontaneous coal combustion[J]. Mining Science and Technolgy,2010(20):499-503.

[90]STANCZYK K,KAPUSTA K,WIATOWSKI M,et al. Experimental simulation of hard coal underground gasification for hydrogen production[J]. Fuel,2012(91):40-50.

[91]LI X Q,BERNHARD M K,PHILIPP W,et al. Liberation of molecular hydrogen(H_2) and methane(CH_4) during non-isothermal pyrolysis of shales and coals:Systematics and quantification[J]. International Journal of Coal Geology,2015(137):152-164.

[92]GROSSMAN S L,DAVIDI S,COHEN H. Emission of toxic and fire hazardous gases from open air coal stockpiles[J]. Fuel,1994(73):1184-1188.

[93]COHEN H,GREEN U. Oxidative decomposition of formaldehyde catalyzed by a bituminous coal[J]. Energy & Fuel,2009(23):3078-3082.

[94]SUTRISNA I P,ISHIHARA A,QIAN W H. et al. Elucidation of hydrogen behavior in coal using a tritium tracer method:Hydrogen transfer reaction of coal with tritiated gaseous hydrogen in a flow reactor[J]. Energy & Fuels,2001(15):1129-1138.

[95]贾宝山,温海燕,梁运涛,等.受限空间瓦斯爆炸与氢气促进机理研究[J].中国安全科学学报,2012,2(22):81-87.

[96]MARINOV V N. Self-ignition and mechanisms of interaction of coal with oxygen at low temperatures. 1. Changes in the composition of coal heated

at constant rate to 250 ℃ in air[J]. Fuel,1977(56):153-157.

[97]KOUICHI M,KAZUHIRO M,ISAO H,et al.,Estimation of hydrogen bond distributions formed between coal and polar solvents using in situ IR technique[J]. Energy & Fuels,2002(16),23-31.

[98]KOK A. Spontaneous heating and calorific losses in stored coal[R]. New York:KEMA Report,1987.

[99]IGLESIAS M J,PUENTE G D,FUENTE E J,et al. Compositional and structural changes during aerial oxidation of coal and their relations with technological properties[J]. Vibrational Spectroscopy,1998(17):41-52.

[100]戴广龙.煤低温氧化及自燃特性的综合实验研究[M].徐州:中国矿业大学出版社,2010.

[101]GOUWS M J,GIBBON G J. WADE L. et al. Adiabatic apparatus to establish the spontaneous combustion propensity of coal[J]. Mining science&technology,1991,13(3):417-422.

[102]SMITH A C,LAZZARA C P. Inhibition of spontaneous combustion of coal[J]. Report of investigation-Unites States,1988:41-44.

[103]王省身,张国枢.矿井火灾防治[M].徐州:中国矿业大学出版社,1990.

[104]梁运涛.煤炭自然发火标志气体指标体系研究[C]//2007年全国煤矿安全学术年会会议资料汇编.北京:中国煤炭学会,2007.

[105]许波波,张人伟,杜高举,等.煤层氧化自燃指标气体分析[J].煤矿安全,2009,40(2):33-34.

[106]SUJANTI W W,ZHANG D K,CHEN X DS. Low temperature Oxidation of Coal studied using wire-mesh reactors with both steadystate and transient methods[J]. Fuel,1998:646-650.

[107]田代襄,熊化云,沙爱民.自然发火早期发现的各项指标气体[J].江苏煤炭科技,1984(1):59-64.

[108]何萍,王飞宇,唐修义.煤氧化过程中气体的形成特征与煤自燃指标气体选择[J].煤炭学报,1994,12(6):635-643.

[109]FENG K K. Spontaneous combustion of Canadian coals[J]. CIM,

Bulletin,1985,78(5):71-75.

[110] BTOOKS K,SVANAS N,GLASSER D. Critical temperatures of some Turkish coals due to spontaneous combustion[J]. Journal of Mines,Metals&Fuels,1988,36(9):434-436.

[111] 聂容春,徐初阳,唐修义,等.煤岩组分对预测自燃标志气体的影响[J].煤田地质与勘探,1996,24(4):27-29.

[112] 梁运涛.煤炭自然发火预测预报的气体指标法[J].煤炭科学技术,2008,36(6):5-8.

[113] 王福生,郭立稳,张嘉勇,等.应用气体分析法预测预报煤自然发火[J].矿业安全与环保,2007,34(2):21-23.

[114] 朱令起,周心权,谢建国,等.自然发火标志气体实验分析及优化选择[J].采矿与安全工程学报,2008,25(4):440-448.

[115] 许延辉.煤自燃全过程测试和指标气体的研究与应用[D].西安:西安科技大学,2005.

[116] CHAMBERLIN E C A,HALL D A,THIRLWAY J T. The ambient temperature oxidation of coal in relation to early detection of spontaneous heating[J]. Mining Engineers,1970,130(121):1-16.

[117] BEAMISH B B,AHMET A. Effect of mineral matter on coal self-heating rate[J]. Fuel,2008(87):125-130.

[118] 罗海珠,钱国胤.各煤种自然发火标志气体指标研究[J].煤矿安全,2003,34(S1):85-89.

[119] 谢振华,金龙哲,任宝宏.煤炭自燃特性与指标气体的优选[J].煤矿安全,2004,35(2):10-12.

[120] 王彩萍,王伟峰,邓军.不同煤种低温氧化过程指标气体变化规律研究[J].煤炭工程,2013(2):109-114.

[121] 邓存宝,王继仁,张俭,等.煤自燃生成乙烯反应机理[J].煤炭学报,2008(33):299-303.

[122] 王继仁,陈启文,邓存宝,等.煤自燃生成甲烷的反应机理[J].煤炭学报,2009,34:1660-1664.

[123] WILLET H L. Sealing of fires underground, a memorandum by

Committee of the institution of mining engineers[J]. Mining Engineers,1962(121):709-760.

[124]SINGH R M,SINGH A K. Detection of spontaneous heating by mine fire gas indices:a case study of Jharia coalfield,Dhanbad[J]. National Seminar on Mine Fires,1995(3):39-44.

[125]KUCHTA J M,FURNO A L,DALVERNEY L E,et al. ,Diagnostics of sealed coal mine fires[J]. U. S. Bureau of Mines,1982,8625.

[126]朱令起. 矿井火灾预测预警及密闭启封安全性研究[D]. 北京:中国矿业大学(北京),2010.

[127]SMITH M A,GLASSER D,Spontaneous combustion of carbonaceous stockpiles. Part I:the relative importance of various intrinsic coal properties and properties of the reaction System[J]. Fuel,2005,84(9):1151-1160.

[128]SMITH M A,GLASSER D,Spontaneous combustion of carbonaceous stockpiles. Part II. Factors affecting the rate of the low-temperature oxidation reaction[J]. Fuel,2005,84(9):1161-1170.

[129]卢守善,宋玉方. 柴里煤矿自然发火的预测预报[J]. 煤矿安全,1995(8):12-13.

[130]HU X C,YANG S Q,ZHOU X H,et al. Coal spontaneous combustion prediction in gob using chaos analysis on gas indicators from upper tunnel[J]. Journal of Natural Gas Science and Engineering,2015(26):461-469.

[131]何启林. 煤低温氧化性与自燃过程实验及模拟研究[D]. 徐州:中国矿业大学,2004.

[132]WILLET H L. The interpretation of samples from behind stoppings with a view to re-opening[J]. Transaction of the Institution of Mining Engineers,1952(111):629-651.

[133]WILLET H L. Sealing of fires underground,a memorandum by committee of the institution of mining engineers[J]. Mining Engineers,1962(121):709-760.

[134]GHOSH A K,BANERJEE D D. Use of carbon-hydrogen ratio as an index in the investigation of explosions and underground fires[J]. Journal of

Mines,Metals and Fuels,1967(15):334－340.

[135]GHOSH A K,BANERJEE D D,BANERJEE B D,et al. Assessment of the seat of heating inside a sealed off area with a view to combat and control[J]. Silver Jubilee Seminar on Combating Coal Fires,1980(17):6－10.

[136]WANG H,DLUGOGORSKI B Z,KENNEDY E M. Theoretical analysis of reaction regimes in low-temperature oxidation of coal[J]. Fuel,1999(78):1073－1081.

[137]HALDANE J S. The shutting of gob fires in gassy seams[J]. Transaction of the Institution of Mining Engineers,1924(49):428－433.

[138]HALDANE J S,MEACHAM F G. Observation on the relation of underground temperature and spontaneous fire in the coal to oxidation and to the causes,which favour it[J]. Transaction of the Institution of Mining Engineers,2016(457):1898－1899.

[139]ANDREY S. Zwalczanie pozarow kopalniach glebinowych, "Slask" Spolka zo. O. Katowice[J]. Fuel,1996(80):782－795.

[140]GREEN U,AIZENSTAT Z,GIELDMEISTER F,et al. CO_2 adsorption inside the pore structure of different rank coals during low temperature oxidation of open air coal stockpiles[J]. Energy Fuels,2011,25(9):4211－4215.

[141]降文萍,张庆玲,崔永君. 不同变质程度煤吸附二氧化碳的机理研究[J]. 中国煤层气,2010,7(4):19－22.

[142]王俊宏. 中国西部弱还原性煤热化学转化特性基础研究[D]. 太原:太原理工大学,2010.

[143]BARIS K,KIZGUT S,DIDARI V. Low-temperature oxidation of some Turkish coals[J]. Fuel,2012,93:423－32.

[144]BROW T C,HAYNES B S. Interaction of carbon monoxide with carbon and carbon surface oxides[J]. Energy Fuels,1992,6(2):154－159.

[145]GREEN U,AIZENSHTAT Z,HOWER J C,et al. Modes of formation of carbon oxides $[CO_x(x=1,2)]$ from coals during atmospheric storage:Part 1:effect of coal rank[J]. Energy Fuels,2010(24):6366－6374.

[146]WANG H,DLUGOGORSKI B Z,KENNEDY E M. Pathways for

production of CO_2 and CO in low-temperature oxidation of coal[J]. Energy Fuels,2003(17):150 – 158.

[147] YUAN L, SMITH A C. CO and CO_2 emissions from spontaneous heating of coal under different ventilation rates[J]. International Journal of Coal Geology,2011(88):24 – 30.

[148] GREEN U, AIZENSHTAT Z, HOWER J C, et al. Modes of formation of carbon oxides [$CO_x(x=1,2)$] from coals during atmospheric storage: Part 2:effect of 58 coal rank on the kinetics[J]. Energy Fuels,2011(25):5625 – 5631.

[149] WANG H H, DLUGOGORSKI B Z, KENNEDY E M. Coal oxidation at low temperatures:Oxygen consumption, oxidation products, reaction mechanism and kinetic modelling[J]. Progress in Energy and Combustion Science, 2003(29):487 – 513.

[150] SUJANTI W, ZHANG D K. A laboratory study of spontaneous combustion of coal: The influence of inorganic matter and reactor size[J]. Fuel, 1999(78):549 – 556.

[151] 许涛. 煤自燃过程分段特性及机理的实验研究[D]. 徐州:中国矿业大学,2012.

[152] TARABA B, MICHALEC Z, MICHALCOVÁ V, et al. CFD simulations of the effect of wind on the spontaneous heating of coal stockpiles[J]. Fuel,2014(118):107 – 112.

[153] ZHANG Y L, WU J M, CHANG L P. et al. Changes in the reaction regime during low-temperature oxidation of coal in confined spaces[J]. Journal of Loss Prevention in the Process Industries,2013(5):1 – 9.

[154] CHAMBERLAIN E A, HALL D A. Practical early detection of spontaneous combustion[J]. Colliery Guardian,1973(221):190 – 194.

[155] CIMADEVILLA J L G, ÁLVAREZ R, PIS J J. Influence of coal forced oxidation on technological properties of cokes produced at laboratory scale[J]. Fuel Processing Technology,2005(87):1 – 10.

[156] WANG H, DLUGOGORSKI B Z, KENNEDY E M. Examination of

CO_2, CO, and H_2O formation during low-temperature oxidation of a bituminous coal[J]. Energy Fuels,2002(16):586-592.

[157]CARRAS J N,Young B C. Self-heating of coal and related materials: Models,applications and test methods[J]. Progress in Energy and Combustion Science,1994(20):1-15.

[158]YÜRÜM Y,ALTUNTAS N. Air oxidation of Beypazari lignite at 50℃,100℃ and 150℃[J]. Fuel,1998(77):1809-1814.

[159]LYNCH B M,LANCASTER L I,MACPHEE J A. Carbonyl groups from chemically and thermally promoted decomposition of peroxides on coal surfaces:detection of specific types using photoacoustic infrared Fourier transform spectroscopy[J]. Fuel,1987(66):979-983.

[160]BORAH D,BARUAH M K. Kinetic and thermodynamic studies on oxidative desulphurisation of organic sulphur from Indian coal at 50~150℃[J]. Fuel Processing Technology,2001(72):83-101.

[161]FREEMAN E S,CARROLL B. The application of thermoanalytical techniques to reaction kinetics:the thermogravimetric evaluation of the kinetics of the decomposition of calcium oxalate monohydrate[J]. The Journal of physical chemistry,1958(62):394-397.

[162]BORAH D. Desulphurization of organic sulphur from coal by electron transfer process with CO_2 + ion[J]. Fuel Processing Technology,2005(86):509-522.

[163]MOORE W J. Basic physical chemistry[M]. New Delhi:Prentice-Hall,1994.

[164]ACHAR B N N,BRINDLEY G W,SHARP J H. Kinetics and mechanism of dehydroxylation processes,Ⅲ. Applications and limitations of dynamic methods[J]. In Proceedings of the International Clay Conference,Jerusalem,1996(1):67-73.

[165]TEVRUCHT M L E,GRIFFITHS P R. Activation energy of air-oxidized bituminous coals[J]. Energy Fuels,1989(3):522-527.

[166]COATS A W,REDFERN J P. Kinetic parameters from thermogravi-

metric data[J]. Nature,1964(20):68-69.

[167]HOROWITZ H H,METZGER G. A new analysis of thermogravimetric traces[J]. Analytical Chemistry,1963(35):1464-1468.

[168]ARASH T M,YU J L,BHATTACHARYA S. Chemical structure changes accompanying fluidized-bed drying of Victorian brown coals in superheated steam,nitrogen,and hot air[J]. Energy Fuels,2013(27):154-166.

[169]刘宏民. 实用有机光谱解析[M]. 郑州:郑州大学出版社,2008.

[170]唐一博. 基于模型化合物的煤表面活性基团低温氧化研究[D]. 徐州:中国矿业大学,2014.

[171]NEHEMIA V,DAVIDI S S,COHEN H. Emission of hydrogen gas from weathered steam coal piles via formaldehyde as a precursor:I. Oxidative decomposition of formaldehyde catalyzed by coal-batch reactor studies[J]. Fuel,1999(78):775-780.

[172]ESSENHIGH R H,MISRAF M K. Autocorrelations of kinetic parameters in coal and char reactions[J]. Energy Fuels,1990(4):171-177.

[173]PAINTER P C,OPAPRAKASIT P,SCARONI A. Ionomers and the structure of coal[J]. Energy & Fuels,2000,14(5):1115-1118.

[174]ASHBY E C,DOCTOROVICH F,LIOTTA C L,et al. Concerning the formation of hydrogen in nuclear waste. quantitative generation of hydrogen via a cannizzaro intermediate[J]. American Chemical Society,1993(115):1171-1173.

[175]AZIK M,YURUM Y,GAINES A. Air oxidation of Turkish Beypazari lignite. 1. changes of structural characteristics in oxidation reactions at 150℃[J]. Energy Fuels,1993(7):367-372.

[176]GETHNER J S. The mechanism of the low temperature oxidation of coal by O_2:Observation and separation of simultaneous reactions using in situ FT-IR difference spectroscopy[J]. Applied Spectroscopy,1987(41):50-63.

[177]WANG G H,ZHOU A N. Time evolution of coal structure during low temperature air oxidation[J]. International Journal of Mining Science and Technology,2012(22):517-521.

[178]王继仁,金智新,邓存宝.煤自燃量子化学理论[M].北京:科学出版社,2007.

[179]王继仁,邓存宝.煤微观结构与组分量质差异自燃理论[J].煤炭学报,2007,32(12):1291-1296.

[180]TAHMASEBI A,YU J,HAN Y,et al. Study of chemical structure changes of Chinese lignite upon drying in superheated steam,microwave,and hot air[J]. Energy Fuels,2012(26):3651-3660.

[181]TAHMASEBI A,YU J,BHATTACHARYA S. Chemical structure changes accompanying fluidized-bed drying of victorian brown coals in superheated steam,nitrogen,and hot air [J]. Energy Fuels,2013(27):154-166.

[182]IBARRA J V,MUÑOZ E,MOLINER R. Ftir study of the evolution of coal structure during the coalification process[J]. Organic Geochemistry,1996(24):725-735.

[183]MIURA K,MAE K,HASEGAWA I,et al. Estimation of hydrogen bond distributions formed between coal and polar solvents using in situ IR technique[J]. Energy Fuels,2002(16):23-31.

[184]陆伟,王德明,仲晓星,等.基于活化能的煤自燃倾向性研究[J].中国矿业大学学报,2006,35(2):201-205.

[185]刘剑,王继仁,孙宝铮.煤的活化能理论研究[J].煤炭学报,1999,24(3):316-320.

[186]刘剑,陈文胜,齐庆杰.基于活化能指标煤的自燃倾向性研究[J].煤炭学报,2005,30(1):67-70.

[187]王德明.煤氧化动力学理论及应用[M].北京:科学出版社,2012.

[188]WU J G. Fourier transform infrared spectroscopy and its applications[M]. Beijing:Scientific and Technical Documentation Press,1994.

[189]TAHMASEBI A,YU J L,BHATTACHARYA S. Chemical structure changes accompanying fluidized-bed drying of victorian brown coals in superheated steam,nitrogen,and hot air[J]. Energy Fuels,2013(27):154-166.

[190]宋娜.基于模型化合物的煤活性基团氧化机理研究[D].徐州:中国矿业大学,2011.

[191]翁诗甫.傅里叶变换红外光谱分析[M].北京:化学工业出版社,2010.

[192]ZHANG Y L,WANG J F,XUE S,et al. Kinetic study on changes in methyl and methylene groups during low-temperature oxidation of coal via in-situ FTIR[J]. International Journal of Coal Geology,2016(154):155-164.

[193]ATUL C H,OVENDER S,UDAI P. Oxidation chemistry of C-H bond by mononuclear iron complexes derived from tridentate ligands containing phenolato function[J]. Inorganica Chimica Acta,2017(464):195-203.

[194]IBARRA J V,MIRANDA J L. Detection of weathering in stockpiled coals by Fourier transform infrared spectroscopy[J]. Vibrational Spectroscopy,1996(10):311-318.

[194]谢克昌.煤的结构与反应性[M].北京:科学出版社,2001.

[195]SOBKOWIAK M,PAINTER P C. Determination of the aliphatic and aromatic CH contents of coals by FT-IR:Studies of coal extracts[J]. Fuel,1992(71):1105-1125.

[196]邓军,赵婧昱,张嬿妮.基于指标气体增长率分析法测定煤自燃特征温度[J].煤炭科学技术,2014(7):7-15.

[197]吴晓光,李树刚,徐精彩.程序升温条件下煤的自燃特性研究[J].煤矿安全,2005(7):4-6.

[198]CIMADEVILLA J L G,ÁLVAREZ R,PIS J J. Influence of coal forced oxidation on technological properties of cokes produced at laboratory scale[J]. Fuel Processing Technology,2005(87):1-10.

[199]YOKONO T,TAKAHASHI N,SANADA Y. Hydrogen donor ability (Da) and acceptor ability (Aa) of coal and pitch. 1. coalification,oxidation,and carbonization paths in the Da-Aa diagram[J]. Energy Fuels,1987(1):360-362.

[200]OZBAS K E,KÖK M V,HICYILMAZ C. DSC study of the combustion properties of Turkish coals[J]. Journal of thermal analysis calorimetry,2003(71):849-856.

[201]KHANSARI Z,KAPADIA P,MAHINPEY N,et al. A new reaction model for low temperature oxidation of heavy oil:Experiments and numerical

modeling[J]. Energy Fuels,2014,64(1):419-428.

[202]KIDENA K,MURAKAMI M,MURATA S,et al. Low-temperature oxidation of coal-suggestion of evaluation method of active methylene sites[J]. Energy Fuels,2003(17):1043-1047.

[203]ARISOY A,BEAMISH B. Reaction kinetics of coal oxidation at low temperatures[J]. Fuel,2015(159):412-417.

[204]严荣林,钱国岚.煤的分子结构与煤氧化自燃的气体产物[J].煤炭学报,1995(20):58-64.

[205]王孝仁,王松桂.实用多元统计分析[M].上海:上海科学技术出版社,1990.

[206]WANG H W,LIU Q. Forecast modeling for rotations of principal axes of multi-dimensional data set[J]. Computational Statistics & Data Analysis,1998,27(3):345-355.